# BRAIN GAME
# SUDOKU
## LARGE PRINT

Copyright © 2015 All rights reserved.

All rights reserved. No part of this publication may be reproduced, distributed, or transmitted in any form or by any means, including photocopying, recording, or other electronic or mechanical methods, without the prior written permission of the publisher, except in the case of brief quotations embodied in critical reviews and certain other noncommercial uses permitted by copyright law.

Printed in the United States of America

First Printing, 2016

# How to play Sudoku

only need to figure out where to put numbers 8 and 9. Look at the rows that feed into that row or square – sometimes you will be able to eliminate one number or the other, and can quickly fill in the gaps.

|   |   |   |   |   |   |   |   |   |
|---|---|---|---|---|---|---|---|---|
| 9 |   |   | 5 |   |   |   | 6 |   |
|   |   | 6 |   | 4 |   |   | 8 | 2 |
| 7 |   |   | 2 | 8 |   | 3 |   |   |
| 4 | 8 | 2 | 1 |   |   |   | 5 | 6 |
|   | 1 | 7 |   | 5 | 9 |   | 3 |   |
| 3 | 9 | 5 | 6 | 2 |   |   |   |   |
|   | 7 |   |   |   | 5 | 6 |   | 8 |
|   |   | 9 | 7 | 6 |   |   |   | 3 |
| 2 |   | 4 | 3 |   |   |   | 7 | 9 |

*This number must be a 6* → (points to the empty cell in row 5, column 1)

**Look for which numbers are missing:** Sudoku is about placing numbers where they don't already exist – it's a logical process of elimination. If a number already exists in a row or square, then that number cannot be placed again. Your challenge is to keep thinking and looking and spotting opportunities to add numbers where they haven't already been placed. For example, if the top row of a Sudoku puzzle already has the numbers 1, 7, 8, 5, 9 and 2, this means that the row still needs numbers 3, 4, and 6. Look in the nearby rows (within the same squares) to see if you can rule out any of those three missing numbers.

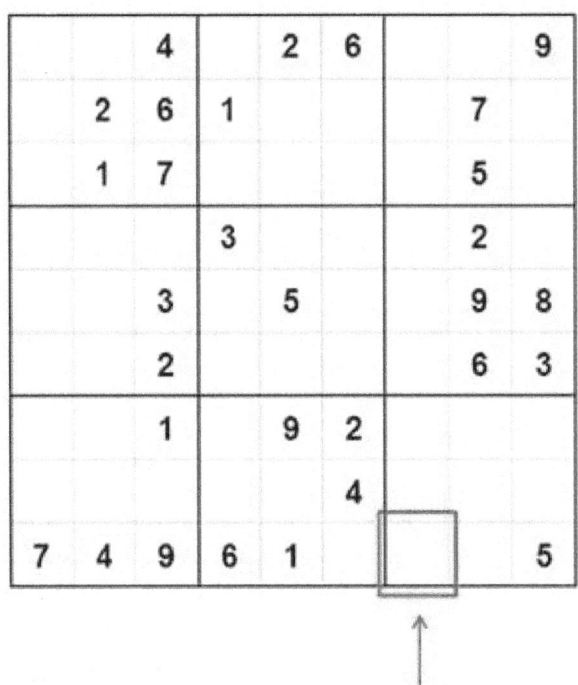

Since this row already has a 7, 4, 9, 6, 1, and 5, you know that this number must be a 2, 3, or 8

**Don't guess:** Sudoku does not require guesswork. If you aren't sure if a number belongs in a certain spot, you're better off not guessing.

**Keep moving:** Sudoku rewards the "roving eye" – if you feel stuck, don't concentrate too hard on one part of the puzzle grid. Instead, let your eye and your mind wander to a different place on the grid where you haven't placed any numbers yet, and see which new possibilities become apparent to you.

**Constantly re-evaluate:** Every time you place a new number on the Sudoku grid, you should ask yourself, "What changed? What do I know now, as a result of having placed that number? For example, if you successfully place a number 5 in a horizontal row, how does that 5 affect what's going on in the neighboring squares? Every single time you place a number, it gives you an opportunity to potentially place more numbers in nearby rows and squares (depending on which other numbers in those places are already known). This is one of the most satisfying aspects of playing Sudoku – every step in solving the puzzle leads you closer to the conclusion.
Sudoku is a fun and intellectually stimulating game because it exercises the part of the brain that craves logic, order and a natural progression toward a satisfying conclusion. Even if you're a Sudoku beginner, we're sure that you'll find a lot to love about this game. Happy number hunting!

http://www.sudoku.com/how-to-play/5-sudoku-tips-for-absolute-beginners/

# Sudoku Pattern (EASY)

# Puzzle 1

|   |   |   |   |   |   |   |   |   |
|---|---|---|---|---|---|---|---|---|
| 8 |   | 4 |   | 5 | 6 |   | 2 |   |
|   |   | 1 |   |   | 9 | 5 | 8 |   |
|   |   |   |   |   | 1 |   |   |   |
|   |   |   | 2 |   |   | 8 |   | 6 |
|   | 9 | 6 |   |   |   | 2 | 4 |   |
| 7 |   | 8 |   |   | 5 |   |   |   |
|   |   |   | 9 |   |   |   |   |   |
|   | 7 | 3 | 5 |   |   | 4 |   |   |
|   | 4 |   | 6 | 8 |   | 3 |   | 2 |

# Puzzle 2

|   | 6 | 5 |   | 1 |   |   | 9 |   |
|---|---|---|---|---|---|---|---|---|
| 1 |   |   |   |   |   |   | 8 | 5 |
| 9 |   | 8 | 5 |   |   |   |   | 4 |
| 4 |   |   | 3 |   | 5 |   | 2 |   |
|   |   |   |   | 4 |   |   |   |   |
|   | 9 |   | 6 |   | 1 |   |   | 8 |
| 3 |   |   |   |   | 2 | 4 |   | 1 |
| 6 | 1 |   |   |   |   |   |   | 2 |
|   | 8 |   |   | 3 |   | 7 | 5 |   |

# Puzzle 3

|   |   |   |   |   |   |   |   |   |
|---|---|---|---|---|---|---|---|---|
| 1 | 9 |   | 7 |   | 6 |   | 4 |   |
|   |   | 4 | 8 |   |   |   |   | 3 |
| 6 | 3 | 8 |   |   |   |   | 1 |   |
|   | 1 |   | 3 | 6 |   |   |   |   |
|   |   |   |   |   |   |   |   |   |
|   |   |   |   | 9 | 7 |   | 3 |   |
|   | 7 |   |   |   |   | 2 | 6 | 9 |
| 3 |   |   |   |   | 4 | 8 |   |   |
|   | 8 |   | 1 |   | 9 |   | 7 | 4 |

# Puzzle 4

|   |   |   |   |   |   |   |   |   |
|---|---|---|---|---|---|---|---|---|
| 1 |   | 5 |   |   |   |   |   | 9 |
|   | 2 | 7 | 1 |   |   | 5 |   | 8 |
|   |   |   |   | 7 |   |   |   |   |
|   | 6 | 9 |   | 4 |   |   | 7 |   |
| 4 | 5 |   |   | 1 |   |   | 6 | 3 |
|   | 1 |   |   | 2 |   | 9 | 4 |   |
|   |   |   | 3 |   |   |   |   |   |
| 2 |   | 6 |   |   | 9 | 1 | 5 |   |
| 8 |   |   |   |   |   | 3 |   | 6 |

# Puzzle 5

|   |   |   |   | 6 | 2 |   |   |   |
|---|---|---|---|---|---|---|---|---|
|   | 7 |   |   |   |   |   | 5 |   |
| 8 |   | 4 |   | 5 |   | 3 |   | 2 |
|   |   |   | 9 |   | 1 | 5 | 6 | 8 |
|   | 9 |   |   |   |   |   | 2 |   |
| 4 | 8 | 6 | 2 |   | 5 |   |   |   |
| 9 |   | 5 |   | 3 |   | 6 |   | 7 |
|   | 4 |   |   |   |   |   | 3 |   |
|   |   |   | 8 | 9 |   |   |   |   |

# Puzzle 6

|   | 5 |   |   | 3 |   |   |   |   |
|---|---|---|---|---|---|---|---|---|
|   | 2 |   | 4 | 1 | 8 |   |   | 3 |
|   |   |   |   |   | 7 | 4 |   | 8 |
|   |   |   |   | 9 |   |   | 7 | 2 |
|   |   | 4 | 7 | 2 | 3 | 6 |   |   |
| 1 | 7 |   |   | 5 |   |   |   |   |
| 7 |   | 6 | 9 |   |   |   |   |   |
| 5 |   |   | 6 | 8 | 2 |   | 1 |   |
|   |   |   |   | 7 |   |   | 8 |   |

# Puzzle 7

|   |   |   |   |   |   |   | 7 |   |
|---|---|---|---|---|---|---|---|---|
|   |   | 7 | 1 | 9 |   |   | 6 | 4 |
|   | 9 |   | 7 | 8 | 6 |   |   | 1 |
| 3 |   |   |   | 7 | 8 |   |   |   |
|   | 4 |   |   | 6 |   |   | 3 |   |
|   |   |   | 2 | 3 |   |   |   | 6 |
| 6 |   |   | 5 | 4 | 7 |   | 1 |   |
| 8 | 1 |   |   | 2 | 3 | 5 |   |   |
|   | 3 |   |   |   |   |   |   |   |

# Puzzle 8

|   |   |   |   |   |   |   |   |   |
|---|---|---|---|---|---|---|---|---|
| 2 |   |   | 3 | 1 | 9 |   | 5 |   |
|   |   |   | 6 |   | 2 | 1 |   | 4 |
| 8 |   |   |   | 4 |   |   | 2 |   |
|   |   | 6 |   |   |   |   |   |   |
| 7 | 1 |   |   | 5 |   |   | 4 | 8 |
|   |   |   |   |   |   | 6 |   |   |
|   | 9 |   |   | 6 |   |   |   | 2 |
| 1 |   | 5 | 4 |   | 8 |   |   |   |
|   | 8 |   | 2 | 7 | 5 |   |   | 1 |

# Puzzle 9

| 5 | 4 |   |   |   | 7 |   |   | 6 |
|---|---|---|---|---|---|---|---|---|
|   |   | 8 | 5 |   |   | 7 |   | 3 |
|   |   |   |   |   |   | 4 | 5 |   |
|   | 1 |   |   |   |   | 8 | 4 | 2 |
|   |   |   | 7 |   | 6 |   |   |   |
| 3 | 5 | 9 |   |   |   |   | 1 |   |
|   | 3 | 4 |   |   |   |   |   |   |
| 8 |   | 6 |   |   | 3 | 1 |   |   |
| 2 |   |   | 1 |   |   |   | 7 | 8 |

# Puzzle 10

|   | 1 | 9 |   |   | 4 |   | 8 | 7 |
|---|---|---|---|---|---|---|---|---|
|   |   |   |   |   | 9 |   | 5 |   |
| 5 | 2 |   |   | 3 |   | 6 |   |   |
| 8 |   |   |   |   |   | 5 | 6 |   |
|   | 3 |   |   |   |   |   | 7 |   |
|   | 6 | 4 |   |   |   |   |   | 1 |
|   |   | 1 |   | 8 |   |   | 2 | 4 |
|   | 7 |   | 9 |   |   |   |   |   |
| 3 | 4 |   | 2 |   |   | 9 | 1 |   |

# Puzzle 11

|   |   |   |   |   |   |   |   |   |
|---|---|---|---|---|---|---|---|---|
| 4 | 2 |   | 1 |   |   | 6 |   | 3 |
|   | 3 |   |   |   | 4 |   |   |   |
|   |   |   |   | 7 |   |   | 1 | 9 |
|   |   |   |   | 4 | 3 | 1 |   | 8 |
|   |   | 2 |   |   |   | 7 |   |   |
| 1 |   | 7 | 2 | 6 |   |   |   |   |
| 8 | 9 |   |   | 3 |   |   |   |   |
|   |   |   | 4 |   |   |   | 8 |   |
| 2 |   | 6 |   |   | 1 |   | 4 | 5 |

# Puzzle 12

| 4 |   | 7 | 8 | 2 |   |   |   | 6 |
|---|---|---|---|---|---|---|---|---|
|   |   |   | 5 | 6 | 9 |   |   | 7 |
|   |   | 6 |   |   |   |   | 9 |   |
|   | 3 |   |   |   |   |   | 5 |   |
|   | 1 |   | 2 | 3 | 5 |   | 8 |   |
|   | 2 |   |   |   |   | 1 |   |   |
|   | 6 |   |   |   |   | 7 |   |   |
| 2 |   |   | 4 | 9 | 6 |   |   |   |
| 5 |   |   |   | 1 | 2 | 4 |   | 9 |

# Puzzle 13

| 9 |   | 1 | 2 | 8 |   |   |   | 5 |
|---|---|---|---|---|---|---|---|---|
|   |   | 8 |   |   |   |   |   | 1 |
|   |   | 7 | 6 | 5 | 1 |   |   |   |
|   | 6 | 4 |   |   |   |   | 8 |   |
|   |   |   | 9 |   | 4 |   |   |   |
|   | 2 |   |   |   |   | 4 | 6 |   |
|   |   |   | 8 | 7 | 2 | 1 |   |   |
| 7 |   |   |   |   |   | 9 |   |   |
| 4 |   |   |   | 9 | 5 | 2 |   | 8 |

# Puzzle 14

|   |   | 9 |   | 7 |   |   |   |   |
|---|---|---|---|---|---|---|---|---|
| 4 |   |   |   |   |   | 9 | 8 | 5 |
|   | 5 | 8 | 2 |   |   |   | 1 |   |
| 3 |   |   |   |   | 2 |   |   | 9 |
|   | 1 |   | 5 |   | 9 |   | 4 |   |
| 5 |   |   | 4 |   |   |   |   | 3 |
|   | 2 |   |   |   | 6 | 8 | 3 |   |
| 7 | 4 | 3 |   |   |   |   |   | 6 |
|   |   |   |   | 2 |   | 7 |   |   |

# Puzzle 15

|   |   | 8 |   |   | 2 | 1 |   | 9 |
|---|---|---|---|---|---|---|---|---|
| 6 |   |   |   |   |   |   |   | 4 |
|   | 2 |   | 9 | 5 |   | 7 |   | 8 |
|   | 9 |   | 6 |   |   | 8 |   |   |
|   |   | 1 |   |   |   | 5 |   |   |
|   |   | 5 |   |   | 4 |   | 1 |   |
| 9 |   | 6 |   | 8 | 1 |   | 3 |   |
| 8 |   |   |   |   |   |   |   | 1 |
| 5 |   | 3 | 7 |   |   | 2 |   |   |

# Puzzle 16

|   |   | 2 |   |   | 5 |   | 4 |   |
|---|---|---|---|---|---|---|---|---|
|   |   |   | 6 | 1 |   |   |   | 8 |
| 6 |   |   |   |   |   | 9 |   | 7 |
|   |   | 8 | 5 |   |   | 1 |   | 2 |
|   |   | 3 | 1 | 4 | 7 | 6 |   |   |
| 5 |   | 1 |   |   | 9 | 4 |   |   |
| 1 |   | 7 |   |   |   |   |   | 4 |
| 2 |   |   |   | 8 | 6 |   |   |   |
|   | 8 |   | 3 |   |   | 5 |   |   |

# Puzzle 17

|   |   |   | 5 |   | 8 |   |   |   |
|---|---|---|---|---|---|---|---|---|
| 9 | 5 | 4 |   | 3 |   |   | 2 |   |
|   | 8 |   |   |   |   | 6 | 4 |   |
|   |   |   | 9 | 1 |   | 5 | 7 |   |
|   |   | 7 |   |   |   | 4 |   |   |
|   | 6 | 2 |   | 5 | 4 |   |   |   |
|   | 7 | 6 |   |   |   |   | 1 |   |
|   | 3 |   |   | 6 |   | 7 | 9 | 4 |
|   |   |   | 3 |   | 2 |   |   |   |

# Puzzle 18

|   |   | 9 | 7 |   |   | 8 |   | 6 |
|---|---|---|---|---|---|---|---|---|
|   |   | 1 | 9 |   |   |   |   | 3 |
| 5 | 4 |   |   |   |   |   |   |   |
|   |   | 3 |   | 2 |   | 9 | 7 | 4 |
| 4 |   |   |   |   |   |   |   | 1 |
| 6 | 7 | 2 |   | 9 |   | 3 |   |   |
|   |   |   |   |   |   |   | 3 | 2 |
| 1 |   |   |   |   | 9 | 7 |   |   |
| 2 |   | 6 |   |   | 1 | 4 |   |   |

# Puzzle 19

|   |   |   |   |   |   |   |   |   |
|---|---|---|---|---|---|---|---|---|
| 2 |   |   |   | 7 | 6 |   | 5 | 9 |
| 9 | 3 |   |   | 1 |   |   |   |   |
|   |   | 6 |   |   |   |   |   |   |
|   | 4 | 9 | 2 |   | 1 |   |   |   |
| 6 | 8 |   |   |   |   |   | 2 | 5 |
|   |   |   | 4 |   | 5 | 9 | 1 |   |
|   |   |   |   |   |   | 7 |   |   |
|   |   |   | 2 |   |   |   | 4 | 3 |
| 3 | 5 |   | 7 | 9 |   |   |   | 1 |

# Puzzle 20

|   | 8 |   | 3 | 7 | 2 | 5 |   |   |
|---|---|---|---|---|---|---|---|---|
| 1 |   |   | 9 |   |   | 4 |   |   |
| 5 |   |   | 4 |   |   |   |   | 9 |
|   | 1 | 2 |   |   |   | 8 |   |   |
|   |   |   | 6 |   | 1 |   |   |   |
|   |   | 4 |   |   |   | 6 | 7 |   |
| 7 |   |   |   |   | 4 |   |   | 5 |
|   |   | 8 |   |   | 6 |   |   | 3 |
|   |   | 5 | 7 | 2 | 9 |   | 4 |   |

# Puzzle 21

|   |   | 9 |   |   |   | 2 |   | 5 |
|---|---|---|---|---|---|---|---|---|
|   |   | 6 |   |   | 3 | 1 |   | 7 |
|   | 2 |   | 5 |   | 9 |   |   |   |
| 4 | 5 | 2 |   |   |   | 6 |   |   |
|   |   | 3 |   | 1 |   | 7 |   |   |
|   |   | 7 |   |   |   | 5 | 8 | 3 |
|   |   |   | 6 |   | 8 |   | 5 |   |
| 3 |   | 8 | 4 |   |   | 9 |   |   |
| 1 |   | 5 |   |   |   | 8 |   |   |

# Puzzle 22

|   |   |   |   |   |   |   | 5 | 9 |
|---|---|---|---|---|---|---|---|---|
|   |   |   |   | 9 | 5 | 7 |   |   |
|   |   |   |   | 2 |   | 1 | 3 |   |
| 8 |   | 6 |   |   | 1 | 2 |   | 4 |
|   |   | 9 | 7 |   | 2 | 3 |   |   |
| 7 |   | 2 | 8 |   |   | 9 |   | 6 |
|   | 8 | 4 |   | 3 |   |   |   |   |
|   |   | 7 | 6 | 8 |   |   |   |   |
| 2 | 9 |   |   |   |   |   |   |   |

# Puzzle 23

|   | 4 | 7 |   | 5 |   | 9 | 6 |   |
|---|---|---|---|---|---|---|---|---|
|   |   | 2 |   |   | 4 | 8 |   |   |
|   | 6 |   |   |   |   | 7 |   |   |
|   |   |   | 9 |   | 1 |   |   | 3 |
| 4 |   | 3 |   | 8 |   | 1 |   | 2 |
| 8 |   |   | 3 |   | 7 |   |   |   |
|   | 5 |   |   |   |   |   | 1 |   |
|   |   | 9 | 8 |   |   | 2 |   |   |
|   | 2 | 4 |   | 6 |   | 3 | 5 |   |

# Puzzle 24

|   |   |   |   |   |   |   |   |   |
|---|---|---|---|---|---|---|---|---|
| 1 |   |   |   |   | 2 |   |   |   |
|   |   |   |   |   | 1 | 7 | 3 | 9 |
|   |   | 7 | 9 | 3 |   |   | 4 | 2 |
|   | 9 |   | 4 |   |   |   |   |   |
|   | 5 | 4 |   | 9 |   | 3 | 7 |   |
|   |   |   |   |   | 5 |   | 8 |   |
| 3 | 4 |   |   | 2 | 9 | 6 |   |   |
| 2 | 1 | 5 | 8 |   |   |   |   |   |
|   |   |   | 3 |   |   |   |   | 5 |

# Puzzle 25

|   |   |   |   |   |   |   |   |   |
|---|---|---|---|---|---|---|---|---|
| 7 |   |   |   | 5 |   |   |   |   |
| 5 | 8 | 2 |   | 9 | 6 | 3 |   |   |
|   |   |   | 2 |   |   |   | 8 | 9 |
|   |   | 7 |   | 1 |   |   | 2 |   |
| 3 |   |   |   | 4 |   |   |   | 1 |
|   | 2 |   |   | 3 |   | 7 |   |   |
| 4 | 1 |   |   |   | 7 |   |   |   |
|   |   | 6 | 5 | 2 |   | 4 | 1 | 8 |
|   |   |   |   | 8 |   |   |   | 7 |

# Puzzle 26

|   |   |   |   |   |   |   |   |   |
|---|---|---|---|---|---|---|---|---|
| 8 |   |   | 7 |   | 2 | 5 |   |   |
| 2 |   |   |   | 3 |   |   |   |   |
| 9 | 3 |   |   | 1 | 8 |   |   |   |
|   | 9 |   |   | 6 |   | 3 |   |   |
| 3 | 4 |   |   | 7 |   |   | 2 | 6 |
|   |   | 6 |   | 2 |   | 8 |   |   |
|   |   |   | 1 | 4 |   |   | 6 | 7 |
|   |   |   |   | 8 |   |   |   | 1 |
|   |   | 1 | 6 |   | 9 |   |   | 8 |

# Puzzle 27

|   |   |   |   |   |   |   |   |   |
|---|---|---|---|---|---|---|---|---|
| 8 |   |   | 3 |   | 5 |   | 2 |   |
|   | 9 | 6 |   | 4 |   | 5 | 7 | 3 |
|   |   | 4 | 6 |   |   |   |   | 8 |
|   |   |   |   |   | 2 |   |   |   |
| 5 |   |   |   |   |   |   |   | 6 |
|   |   |   | 8 |   |   |   |   |   |
| 1 |   |   |   |   | 4 | 2 |   |   |
| 9 | 2 | 7 |   | 3 |   | 4 | 8 |   |
|   | 8 |   | 2 |   | 1 |   |   | 5 |

# Puzzle 28

|   |   |   |   |   |   |   |   |   |
|---|---|---|---|---|---|---|---|---|
| 5 | 8 |   |   |   |   |   | 2 | 1 |
| 2 | 1 |   | 9 |   |   |   |   |   |
|   | 4 |   | 8 |   |   | 6 |   |   |
| 6 |   | 3 |   | 4 | 7 |   |   |   |
| 4 |   |   |   |   |   |   |   | 5 |
|   |   |   | 3 | 1 |   | 2 |   | 4 |
|   |   | 2 |   |   | 5 |   | 7 |   |
|   |   |   |   |   | 4 |   | 9 | 2 |
| 9 | 6 |   |   |   |   |   | 1 | 3 |

# Puzzle 29

|   |   |   | 5 |   | 2 | 8 | 1 |   |
|---|---|---|---|---|---|---|---|---|
|   | 5 |   | 8 | 6 |   |   |   |   |
| 7 |   | 3 |   |   |   | 6 | 2 |   |
| 5 |   |   |   |   |   | 3 |   | 1 |
|   |   |   | 4 | 1 | 5 |   |   |   |
| 9 |   | 7 |   |   |   |   |   | 4 |
|   | 7 | 8 |   |   |   | 1 |   | 9 |
|   |   |   |   | 9 | 3 |   | 7 |   |
|   | 9 | 2 | 1 |   | 8 |   |   |   |

# Puzzle 30

|   |   |   |   |   |   |   |   |   |
|---|---|---|---|---|---|---|---|---|
| 3 |   | 5 |   |   | 6 | 8 |   |   |
| 4 |   |   |   |   | 1 |   |   | 7 |
| 8 |   |   |   |   |   | 2 | 5 |   |
| 1 |   |   |   |   | 8 | 9 |   |   |
| 9 |   |   | 5 |   | 2 |   |   | 4 |
|   |   | 6 | 9 |   |   |   |   | 3 |
|   | 8 | 9 |   |   |   |   |   | 6 |
| 6 |   |   | 3 |   |   |   |   | 5 |
|   |   | 3 | 2 |   |   | 7 |   | 8 |

# Puzzle 31

|   | 2 |   |   | 6 |   |   | 1 |   |
|---|---|---|---|---|---|---|---|---|
| 7 |   |   |   |   | 1 |   | 3 |   |
|   |   |   | 9 | 2 | 5 |   |   |   |
|   | 9 |   |   |   |   | 3 |   | 7 |
|   | 7 | 8 | 3 |   | 4 | 1 | 9 |   |
| 4 |   | 3 |   |   |   | 5 |   |   |
|   |   |   | 8 | 7 | 2 |   |   |   |
|   | 3 |   | 1 |   |   |   |   | 2 |
|   | 4 |   |   | 3 |   |   | 8 |   |

# Puzzle 32

|   |   |   |   |   |   |   |   |   |
|---|---|---|---|---|---|---|---|---|
| 3 |   |   | 9 | 1 |   | 2 |   |   |
|   |   |   |   |   |   |   | 1 |   |
|   | 9 | 7 |   | 8 | 2 |   |   |   |
| 8 |   | 9 | 1 |   | 7 | 3 |   |   |
|   |   |   |   | 2 |   | 4 |   |   |
|   |   | 6 | 8 |   | 5 | 4 |   | 1 |
|   |   |   | 5 | 7 |   | 6 | 8 |   |
|   |   | 1 |   |   |   |   |   |   |
|   |   | 4 |   | 2 | 8 |   |   | 5 |

# Puzzle 33

|   |   |   |   |   |   |   |   |   |
|---|---|---|---|---|---|---|---|---|
| 8 |   |   |   | 6 |   | 3 | 7 |   |
| 4 | 2 |   | 5 |   |   | 9 |   |   |
|   | 5 |   | 8 | 9 |   |   |   |   |
|   | 3 |   |   |   |   | 8 | 5 |   |
| 2 |   |   |   |   |   |   |   | 3 |
|   | 4 | 1 |   |   |   |   | 6 |   |
|   |   |   |   | 4 | 5 |   | 3 |   |
|   |   | 4 |   |   | 9 |   | 2 | 8 |
|   | 9 | 5 |   | 1 |   |   |   | 7 |

# Puzzle 34

|   |   | 5 |   |   | 9 | 7 |   | 4 |   |
|---|---|---|---|---|---|---|---|---|---|
|   | 3 |   |   | 8 |   |   |   | 5 |   |
| 7 |   | 2 |   | 5 |   | 3 | 1 |   |   |
|   | 2 |   |   |   |   |   | 1 |   |   | 4 |
|   |   |   |   |   |   |   |   |   |   |
| 3 |   |   |   | 7 |   |   |   | 6 |   |
|   |   | 7 |   | 4 |   | 2 | 3 |   | 5 |
|   | 8 |   |   |   |   | 5 |   | 1 |   |
|   | 1 |   |   | 6 | 3 |   | 7 |   |   |

# Puzzle 35

|   |   | 8 | 5 |   |   |   |   |   |
|---|---|---|---|---|---|---|---|---|
|   | 7 | 2 |   | 9 |   |   |   | 1 |
|   |   |   | 1 |   |   | 8 | 7 | 2 |
| 6 |   |   |   | 3 |   | 4 |   |   |
| 3 | 1 |   |   |   |   |   | 2 | 9 |
|   |   | 5 |   | 4 |   |   |   | 3 |
| 8 | 3 | 7 |   |   | 6 |   |   |   |
| 5 |   |   |   | 1 |   | 2 | 3 |   |
|   |   |   |   |   | 5 | 7 |   |   |

# Puzzle 36

|   |   |   |   |   |   |   |   |   |
|---|---|---|---|---|---|---|---|---|
| 4 | 3 |   | 2 | 1 |   |   |   |   |
|   |   |   |   | 3 |   |   |   |   |
|   |   | 6 |   |   | 5 | 2 | 7 |   |
| 2 | 8 |   |   |   | 3 | 1 |   |   |
| 3 | 6 |   |   | 2 |   |   | 4 | 8 |
|   |   | 1 | 4 |   |   |   | 3 | 2 |
|   | 4 | 7 | 3 |   |   | 5 |   |   |
|   |   |   |   | 9 |   |   |   |   |
|   |   |   |   | 8 | 1 |   | 2 | 9 |

# Puzzle 37

|   |   |   | 2 | 1 |   | 7 |   |   |
|---|---|---|---|---|---|---|---|---|
|   |   |   |   | 9 |   |   | 2 | 5 |
|   | 8 |   | 5 | 3 | 6 | 4 |   |   |
|   |   |   |   |   |   | 8 |   | 7 |
| 8 |   |   | 4 |   | 9 |   |   | 6 |
| 6 |   | 2 |   |   |   |   |   |   |
|   |   | 8 | 7 | 4 | 1 |   | 9 |   |
| 4 | 9 |   |   | 2 |   |   |   |   |
|   |   | 1 |   | 5 | 3 |   |   |   |

# Puzzle 38

|   |   | 2 |   |   |   |   | 1 | 6 |
| --- | --- | --- | --- | --- | --- | --- | --- | --- |
| 9 |   |   |   | 4 |   | 7 |   |   |
| 7 |   | 8 |   | 5 |   |   | 3 | 2 |
|   |   |   |   |   | 7 | 3 | 5 |   |
| 5 |   |   |   | 6 |   |   |   | 9 |
|   | 8 | 3 | 9 |   |   |   |   |   |
| 6 | 9 |   |   | 3 |   | 5 |   | 8 |
|   |   | 5 |   | 9 |   |   |   | 7 |
| 8 | 4 |   |   |   |   | 2 |   |   |

# Puzzle 39

|   |   | 5 |   |   |   | 1 |   |   |
|---|---|---|---|---|---|---|---|---|
|   |   | 8 |   | 1 | 2 |   | 5 | 9 |
| 2 |   | 7 |   | 9 |   | 3 |   |   |
| 1 |   | 4 |   |   |   |   |   |   |
|   | 5 |   | 1 |   | 7 |   | 9 |   |
|   |   |   |   |   |   | 8 |   | 7 |
|   |   | 1 |   | 5 |   | 4 |   | 3 |
| 9 | 8 |   | 6 | 2 |   | 5 |   |   |
|   |   | 2 |   |   |   | 9 |   |   |

# Puzzle 40

|   | 2 | 5 |   |   | 1 |   |   |   |
|---|---|---|---|---|---|---|---|---|
| 1 |   | 4 | 2 | 5 |   |   |   |   |
|   |   | 6 |   |   | 4 | 2 | 1 |   |
|   | 5 |   |   |   |   | 3 | 2 |   |
| 6 |   |   |   | 2 |   |   |   | 9 |
|   | 8 | 7 |   |   |   |   | 6 |   |
|   | 9 | 1 | 5 |   |   | 6 |   |   |
|   |   |   |   | 7 | 8 | 1 |   | 3 |
|   |   |   |   | 6 |   | 5 | 9 |   |

# Puzzle 41

|   |   |   |   |   |   |   |   |   |
|---|---|---|---|---|---|---|---|---|
| 7 | 8 |   | 4 | 2 |   |   |   |   |
|   | 2 |   |   | 8 | 6 |   |   |   |
|   | 9 |   | 3 |   |   |   | 8 | 4 |
| 1 |   |   |   |   |   |   | 5 | 2 |
| 9 |   |   |   |   |   |   |   | 1 |
| 2 | 4 |   |   |   |   |   |   | 3 |
| 4 | 3 |   |   |   | 9 |   | 1 |   |
|   |   |   | 8 | 1 |   |   | 9 |   |
|   |   |   |   | 7 | 3 |   | 2 | 6 |

# Puzzle 42

| | | | | | | | | |
|---|---|---|---|---|---|---|---|---|
| 9 | | 4 | | 6 | 7 | | 1 | |
| | 1 | | | | | | 2 | |
| | | | 4 | | 1 | 5 | | |
| 1 | 9 | | | 3 | | | | |
| | 3 | 5 | | | | 4 | 9 | |
| | | | | 5 | | | 3 | 6 |
| | | 3 | 9 | | 5 | | | |
| | 4 | | | | | | 8 | |
| | 5 | | 1 | 8 | | 3 | | 2 |

# Puzzle 43

|   | 1 |   |   |   | 8 |   |   |   |
|---|---|---|---|---|---|---|---|---|
|   | 9 | 4 |   |   |   | 1 | 8 |   |
| 7 |   |   |   |   | 1 | 3 |   | 9 |
|   | 2 | 1 |   | 3 |   | 8 |   | 7 |
|   |   |   |   |   |   |   |   |   |
| 6 |   | 5 |   | 7 |   | 9 | 4 |   |
| 2 |   | 7 | 3 |   |   |   |   | 6 |
|   | 8 | 6 |   |   |   | 4 | 9 |   |
|   |   |   | 6 |   |   |   | 2 |   |

# Puzzle 44

|   |   |   | 5 |   |   | 3 | 9 |   |
|---|---|---|---|---|---|---|---|---|
| 4 |   |   | 8 |   | 3 |   |   |   |
| 9 |   |   | 1 | 6 | 4 | 8 |   | 2 |
|   | 8 |   |   |   |   | 4 |   | 7 |
|   |   |   |   | 5 |   |   |   |   |
| 7 |   | 5 |   |   |   |   | 8 |   |
| 8 |   | 7 | 4 | 2 | 6 |   |   | 5 |
|   |   |   | 9 |   | 7 |   |   | 8 |
|   | 9 | 1 |   |   | 5 |   |   |   |

# Puzzle 45

|   |   |   |   |   |   |   |   |   |
|---|---|---|---|---|---|---|---|---|
| 2 | 8 |   |   |   | 3 | 9 |   | 6 |
|   | 3 |   |   | 1 | 6 |   |   |   |
| 1 | 4 |   | 5 |   |   |   |   |   |
|   | 9 |   |   |   |   | 4 | 8 | 3 |
|   |   |   |   |   |   |   |   |   |
| 3 | 1 | 2 |   |   |   |   | 5 |   |
|   |   |   |   |   | 5 |   | 6 | 4 |
|   |   |   |   | 4 | 6 |   | 2 |   |
| 9 |   |   | 4 | 2 |   |   | 3 | 1 |

# Puzzle 46

|   |   |   |   | 2 | 7 |   |   |   |
|---|---|---|---|---|---|---|---|---|
| 6 |   | 8 |   |   |   |   | 9 |   |
| 7 |   | 5 |   |   |   |   | 2 |   |
|   | 5 |   |   | 1 | 8 |   | 4 | 9 |
|   | 8 |   | 3 |   | 2 |   | 6 |   |
| 3 | 6 |   | 9 | 4 |   |   | 8 |   |
|   | 1 |   |   |   |   | 9 |   | 4 |
|   | 4 |   |   |   |   | 5 |   | 6 |
|   |   |   | 1 | 5 |   |   |   |   |

# Puzzle 47

|   |   |   | 7 |   |   |   | 1 |   |
|---|---|---|---|---|---|---|---|---|
|   |   |   |   |   |   | 5 |   | 2 |
|   | 5 | 2 |   | 3 | 1 |   | 7 |   |
| 9 | 8 | 4 |   |   | 6 |   |   |   |
| 7 |   |   | 9 |   | 2 |   |   | 8 |
|   |   |   | 4 |   |   | 9 | 6 | 5 |
|   | 1 |   | 2 | 6 |   | 8 | 4 |   |
| 8 |   | 3 |   |   |   |   |   |   |
|   | 7 |   |   |   | 4 |   |   |   |

# Puzzle 48

|   |   |   |   |   |   |   |   |   |
|---|---|---|---|---|---|---|---|---|
| 9 |   | 1 |   | 4 |   | 2 | 7 |   |
|   | 2 |   | 3 |   | 9 |   | 8 | 4 |
|   |   | 4 |   |   |   | 3 |   |   |
|   |   | 6 | 1 |   |   |   |   |   |
|   |   |   | 5 |   | 4 |   |   |   |
|   |   |   |   |   | 3 | 1 |   |   |
|   |   | 3 |   |   |   | 5 |   |   |
| 6 | 4 |   | 8 |   | 5 |   | 9 |   |
|   | 8 | 9 |   | 7 |   | 4 |   | 6 |

# Puzzle 49

|   |   |   | 1 |   |   |   | 9 | 2 |
|---|---|---|---|---|---|---|---|---|
|   | 5 |   | 7 | 8 | 9 |   |   |   |
|   |   |   | 3 |   |   |   |   | 8 |
|   | 9 | 4 |   | 6 | 5 |   | 7 |   |
|   |   | 1 |   |   |   | 2 |   |   |
|   | 7 |   | 4 | 1 |   | 9 | 6 |   |
| 6 |   |   |   |   | 8 |   |   |   |
|   |   |   | 6 | 7 | 2 |   | 8 |   |
| 9 | 4 |   |   |   | 1 |   |   |   |

# Puzzle 50

|   | 5 | 1 | 4 |   |   |   | 8 |   |
|---|---|---|---|---|---|---|---|---|
|   |   |   |   |   | 7 |   |   | 3 |
| 9 | 7 |   | 8 |   | 2 |   |   | 1 |
|   | 2 |   |   | 8 | 1 |   |   |   |
| 3 |   |   |   | 9 |   |   |   | 7 |
|   |   |   | 2 | 4 |   |   | 9 |   |
| 7 |   |   | 6 |   | 5 |   | 1 | 9 |
| 6 |   |   | 3 |   |   |   |   |   |
|   | 3 |   |   |   | 4 | 8 | 6 |   |

**Puzzle 1 (Easy, difficulty rating 0.41)**

| 8 | 3 | 4 | 7 | 5 | 6 | 1 | 2 | 9 |
|---|---|---|---|---|---|---|---|---|
| 2 | 6 | 1 | 3 | 4 | 9 | 5 | 8 | 7 |
| 9 | 5 | 7 | 8 | 2 | 1 | 6 | 3 | 4 |
| 4 | 1 | 5 | 2 | 9 | 3 | 8 | 7 | 6 |
| 3 | 9 | 6 | 1 | 7 | 8 | 2 | 4 | 5 |
| 7 | 2 | 8 | 4 | 6 | 5 | 9 | 1 | 3 |
| 5 | 8 | 2 | 9 | 3 | 4 | 7 | 6 | 1 |
| 6 | 7 | 3 | 5 | 1 | 2 | 4 | 9 | 8 |
| 1 | 4 | 9 | 6 | 8 | 7 | 3 | 5 | 2 |

**Puzzle 2 (Easy, difficulty rating 0.44)**

| 7 | 6 | 5 | 4 | 1 | 8 | 2 | 9 | 3 |
|---|---|---|---|---|---|---|---|---|
| 1 | 4 | 3 | 9 | 2 | 7 | 6 | 8 | 5 |
| 9 | 2 | 8 | 5 | 6 | 3 | 1 | 7 | 4 |
| 4 | 7 | 1 | 3 | 8 | 5 | 9 | 2 | 6 |
| 8 | 3 | 6 | 2 | 4 | 9 | 5 | 1 | 7 |
| 5 | 9 | 2 | 6 | 7 | 1 | 3 | 4 | 8 |
| 3 | 5 | 7 | 8 | 9 | 2 | 4 | 6 | 1 |
| 6 | 1 | 9 | 7 | 5 | 4 | 8 | 3 | 2 |
| 2 | 8 | 4 | 1 | 3 | 6 | 7 | 5 | 9 |

**Puzzle 3 (Easy, difficulty rating 0.32)**

| 1 | 9 | 2 | 7 | 3 | 6 | 5 | 4 | 8 |
|---|---|---|---|---|---|---|---|---|
| 7 | 5 | 4 | 8 | 1 | 2 | 6 | 9 | 3 |
| 6 | 3 | 8 | 9 | 4 | 5 | 7 | 1 | 2 |
| 9 | 1 | 7 | 3 | 6 | 8 | 4 | 2 | 5 |
| 2 | 6 | 3 | 4 | 5 | 1 | 9 | 8 | 7 |
| 8 | 4 | 5 | 2 | 9 | 7 | 1 | 3 | 6 |
| 4 | 7 | 1 | 5 | 8 | 3 | 2 | 6 | 9 |
| 3 | 2 | 9 | 6 | 7 | 4 | 8 | 5 | 1 |
| 5 | 8 | 6 | 1 | 2 | 9 | 3 | 7 | 4 |

**Puzzle 4 (Easy, difficulty rating 0.36)**

| 1 | 4 | 5 | 3 | 6 | 8 | 7 | 2 | 9 |
|---|---|---|---|---|---|---|---|---|
| 6 | 2 | 7 | 1 | 9 | 4 | 5 | 3 | 8 |
| 9 | 8 | 3 | 5 | 7 | 2 | 6 | 1 | 4 |
| 3 | 6 | 9 | 8 | 4 | 5 | 2 | 7 | 1 |
| 4 | 5 | 2 | 9 | 1 | 7 | 8 | 6 | 3 |
| 7 | 1 | 8 | 6 | 2 | 3 | 9 | 4 | 5 |
| 5 | 9 | 1 | 7 | 3 | 6 | 4 | 8 | 2 |
| 2 | 3 | 6 | 4 | 8 | 9 | 1 | 5 | 7 |
| 8 | 7 | 4 | 2 | 5 | 1 | 3 | 9 | 6 |

**Puzzle 5 (Easy, difficulty rating 0.44)**

| 1 | 5 | 3 | 4 | 6 | 2 | 8 | 7 | 9 |
|---|---|---|---|---|---|---|---|---|
| 2 | 7 | 9 | 3 | 1 | 8 | 4 | 5 | 6 |
| 8 | 6 | 4 | 7 | 5 | 9 | 3 | 1 | 2 |
| 7 | 3 | 2 | 9 | 4 | 1 | 5 | 6 | 8 |
| 5 | 9 | 1 | 6 | 8 | 3 | 7 | 2 | 4 |
| 4 | 8 | 6 | 2 | 7 | 5 | 1 | 9 | 3 |
| 9 | 2 | 5 | 1 | 3 | 4 | 6 | 8 | 7 |
| 6 | 4 | 8 | 5 | 2 | 7 | 9 | 3 | 1 |
| 3 | 1 | 7 | 8 | 9 | 6 | 2 | 4 | 5 |

**Puzzle 6 (Easy, difficulty rating 0.28)**

| 4 | 5 | 8 | 2 | 3 | 9 | 1 | 6 | 7 |
|---|---|---|---|---|---|---|---|---|
| 6 | 2 | 7 | 4 | 1 | 8 | 5 | 9 | 3 |
| 9 | 1 | 3 | 5 | 6 | 7 | 4 | 2 | 8 |
| 3 | 6 | 5 | 1 | 9 | 4 | 8 | 7 | 2 |
| 8 | 9 | 4 | 7 | 2 | 3 | 6 | 5 | 1 |
| 1 | 7 | 2 | 8 | 5 | 6 | 3 | 4 | 9 |
| 7 | 8 | 6 | 9 | 4 | 1 | 2 | 3 | 5 |
| 5 | 3 | 9 | 6 | 8 | 2 | 7 | 1 | 4 |
| 2 | 4 | 1 | 3 | 7 | 5 | 9 | 8 | 6 |

**Puzzle 7 (Easy, difficulty rating 0.36)**

| 1 | 6 | 2 | 3 | 5 | 4 | 9 | 7 | 8 |
|---|---|---|---|---|---|---|---|---|
| 5 | 8 | 7 | 1 | 9 | 2 | 3 | 6 | 4 |
| 4 | 9 | 3 | 7 | 8 | 6 | 2 | 5 | 1 |
| 3 | 5 | 6 | 4 | 7 | 8 | 1 | 2 | 9 |
| 2 | 4 | 8 | 9 | 6 | 1 | 7 | 3 | 5 |
| 9 | 7 | 1 | 2 | 3 | 5 | 4 | 8 | 6 |
| 6 | 2 | 9 | 5 | 4 | 7 | 8 | 1 | 3 |
| 8 | 1 | 4 | 6 | 2 | 3 | 5 | 9 | 7 |
| 7 | 3 | 5 | 8 | 1 | 9 | 6 | 4 | 2 |

**Puzzle 8 (Easy, difficulty rating 0.43)**

| 2 | 6 | 4 | 3 | 1 | 9 | 8 | 5 | 7 |
|---|---|---|---|---|---|---|---|---|
| 5 | 7 | 9 | 6 | 8 | 2 | 1 | 3 | 4 |
| 8 | 3 | 1 | 5 | 4 | 7 | 9 | 2 | 6 |
| 9 | 4 | 6 | 8 | 3 | 1 | 2 | 7 | 5 |
| 7 | 1 | 2 | 9 | 5 | 6 | 3 | 4 | 8 |
| 3 | 5 | 8 | 7 | 2 | 4 | 6 | 1 | 9 |
| 4 | 9 | 7 | 1 | 6 | 3 | 5 | 8 | 2 |
| 1 | 2 | 5 | 4 | 9 | 8 | 7 | 6 | 3 |
| 6 | 8 | 3 | 2 | 7 | 5 | 4 | 9 | 1 |

**Puzzle 9 (Easy, difficulty rating 0.33)**

| 5 | 4 | 1 | 3 | 2 | 7 | 9 | 8 | 6 |
|---|---|---|---|---|---|---|---|---|
| 9 | 6 | 8 | 5 | 4 | 1 | 7 | 2 | 3 |
| 7 | 2 | 3 | 6 | 9 | 8 | 4 | 5 | 1 |
| 6 | 1 | 7 | 9 | 3 | 5 | 8 | 4 | 2 |
| 4 | 8 | 2 | 7 | 1 | 6 | 5 | 3 | 9 |
| 3 | 5 | 9 | 4 | 8 | 2 | 6 | 1 | 7 |
| 1 | 3 | 4 | 8 | 7 | 9 | 2 | 6 | 5 |
| 8 | 7 | 6 | 2 | 5 | 3 | 1 | 9 | 4 |
| 2 | 9 | 5 | 1 | 6 | 4 | 3 | 7 | 8 |

**Puzzle 10 (Easy, difficulty rating 0.33)**

| 6 | 1 | 9 | 5 | 2 | 4 | 3 | 8 | 7 |
|---|---|---|---|---|---|---|---|---|
| 4 | 8 | 3 | 7 | 6 | 9 | 1 | 5 | 2 |
| 5 | 2 | 7 | 1 | 3 | 8 | 6 | 4 | 9 |
| 8 | 9 | 2 | 4 | 1 | 7 | 5 | 6 | 3 |
| 1 | 3 | 5 | 6 | 9 | 2 | 4 | 7 | 8 |
| 7 | 6 | 4 | 8 | 5 | 3 | 2 | 9 | 1 |
| 9 | 5 | 1 | 3 | 8 | 6 | 7 | 2 | 4 |
| 2 | 7 | 6 | 9 | 4 | 1 | 8 | 3 | 5 |
| 3 | 4 | 8 | 2 | 7 | 5 | 9 | 1 | 6 |

**Puzzle 11 (Easy, difficulty rating 0.34)**

| 4 | 2 | 9 | 1 | 5 | 8 | 6 | 7 | 3 |
|---|---|---|---|---|---|---|---|---|
| 7 | 3 | 1 | 6 | 9 | 4 | 8 | 5 | 2 |
| 6 | 5 | 8 | 3 | 7 | 2 | 4 | 1 | 9 |
| 9 | 6 | 5 | 7 | 4 | 3 | 1 | 2 | 8 |
| 3 | 4 | 2 | 8 | 1 | 5 | 7 | 9 | 6 |
| 1 | 8 | 7 | 2 | 6 | 9 | 5 | 3 | 4 |
| 8 | 9 | 4 | 5 | 3 | 7 | 2 | 6 | 1 |
| 5 | 1 | 3 | 4 | 2 | 6 | 9 | 8 | 7 |
| 2 | 7 | 6 | 9 | 8 | 1 | 3 | 4 | 5 |

**Puzzle 12 (Easy, difficulty rating 0.35)**

| 4 | 9 | 7 | 8 | 2 | 3 | 5 | 1 | 6 |
|---|---|---|---|---|---|---|---|---|
| 1 | 8 | 2 | 5 | 6 | 9 | 3 | 4 | 7 |
| 3 | 5 | 6 | 1 | 4 | 7 | 2 | 9 | 8 |
| 8 | 4 | 3 | 6 | 7 | 1 | 9 | 5 | 2 |
| 7 | 1 | 9 | 2 | 3 | 5 | 6 | 8 | 4 |
| 6 | 2 | 5 | 9 | 8 | 4 | 1 | 7 | 3 |
| 9 | 6 | 4 | 3 | 5 | 8 | 7 | 2 | 1 |
| 2 | 7 | 1 | 4 | 9 | 6 | 8 | 3 | 5 |
| 5 | 3 | 8 | 7 | 1 | 2 | 4 | 6 | 9 |

### Puzzle 13 (Easy, difficulty rating 0.41)

| 9 | 4 | 1 | 2 | 8 | 7 | 6 | 3 | 5 |
|---|---|---|---|---|---|---|---|---|
| 6 | 5 | 8 | 4 | 3 | 9 | 7 | 2 | 1 |
| 2 | 3 | 7 | 6 | 5 | 1 | 8 | 9 | 4 |
| 1 | 6 | 4 | 7 | 2 | 3 | 5 | 8 | 9 |
| 8 | 7 | 5 | 9 | 6 | 4 | 3 | 1 | 2 |
| 3 | 2 | 9 | 5 | 1 | 8 | 4 | 6 | 7 |
| 5 | 9 | 3 | 8 | 7 | 2 | 1 | 4 | 6 |
| 7 | 8 | 2 | 1 | 4 | 6 | 9 | 5 | 3 |
| 4 | 1 | 6 | 3 | 9 | 5 | 2 | 7 | 8 |

### Puzzle 14 (Easy, difficulty rating 0.44)

| 1 | 3 | 9 | 8 | 7 | 5 | 4 | 6 | 2 |
|---|---|---|---|---|---|---|---|---|
| 4 | 7 | 2 | 3 | 6 | 1 | 9 | 8 | 5 |
| 6 | 5 | 8 | 2 | 9 | 4 | 3 | 1 | 7 |
| 3 | 8 | 4 | 6 | 1 | 2 | 5 | 7 | 9 |
| 2 | 1 | 7 | 5 | 3 | 9 | 6 | 4 | 8 |
| 5 | 9 | 6 | 4 | 8 | 7 | 1 | 2 | 3 |
| 9 | 2 | 5 | 7 | 4 | 6 | 8 | 3 | 1 |
| 7 | 4 | 3 | 1 | 5 | 8 | 2 | 9 | 6 |
| 8 | 6 | 1 | 9 | 2 | 3 | 7 | 5 | 4 |

### Puzzle 15 (Easy, difficulty rating 0.32)

| 7 | 3 | 8 | 4 | 6 | 2 | 1 | 5 | 9 |
|---|---|---|---|---|---|---|---|---|
| 6 | 5 | 9 | 1 | 7 | 8 | 3 | 2 | 4 |
| 1 | 2 | 4 | 9 | 5 | 3 | 7 | 6 | 8 |
| 3 | 9 | 7 | 6 | 1 | 5 | 8 | 4 | 2 |
| 4 | 6 | 1 | 8 | 2 | 7 | 5 | 9 | 3 |
| 2 | 8 | 5 | 3 | 9 | 4 | 6 | 1 | 7 |
| 9 | 7 | 6 | 2 | 8 | 1 | 4 | 3 | 5 |
| 8 | 4 | 2 | 5 | 3 | 6 | 9 | 7 | 1 |
| 5 | 1 | 3 | 7 | 4 | 9 | 2 | 8 | 6 |

### Puzzle 16 (Easy, difficulty rating 0.30)

| 8 | 1 | 2 | 7 | 9 | 5 | 3 | 4 | 6 |
|---|---|---|---|---|---|---|---|---|
| 3 | 7 | 9 | 6 | 1 | 4 | 2 | 5 | 8 |
| 6 | 5 | 4 | 2 | 3 | 8 | 9 | 1 | 7 |
| 7 | 4 | 8 | 5 | 6 | 3 | 1 | 9 | 2 |
| 9 | 2 | 3 | 1 | 4 | 7 | 6 | 8 | 5 |
| 5 | 6 | 1 | 8 | 2 | 9 | 4 | 7 | 3 |
| 1 | 3 | 7 | 9 | 5 | 2 | 8 | 6 | 4 |
| 2 | 9 | 5 | 4 | 8 | 6 | 7 | 3 | 1 |
| 4 | 8 | 6 | 3 | 7 | 1 | 5 | 2 | 9 |

### Puzzle 17 (Easy, difficulty rating 0.30)

| 6 | 2 | 1 | 5 | 4 | 8 | 9 | 3 | 7 |
|---|---|---|---|---|---|---|---|---|
| 9 | 5 | 4 | 6 | 3 | 7 | 1 | 2 | 8 |
| 7 | 8 | 3 | 1 | 2 | 9 | 6 | 4 | 5 |
| 3 | 4 | 8 | 9 | 1 | 6 | 5 | 7 | 2 |
| 5 | 9 | 7 | 2 | 8 | 3 | 4 | 6 | 1 |
| 1 | 6 | 2 | 7 | 5 | 4 | 3 | 8 | 9 |
| 8 | 7 | 6 | 4 | 9 | 5 | 2 | 1 | 3 |
| 2 | 3 | 5 | 8 | 6 | 1 | 7 | 9 | 4 |
| 4 | 1 | 9 | 3 | 7 | 2 | 8 | 5 | 6 |

### Puzzle 18 (Easy, difficulty rating 0.43)

| 3 | 2 | 9 | 7 | 4 | 5 | 8 | 1 | 6 |
|---|---|---|---|---|---|---|---|---|
| 7 | 6 | 1 | 9 | 8 | 2 | 5 | 4 | 3 |
| 5 | 4 | 8 | 6 | 1 | 3 | 2 | 9 | 7 |
| 8 | 1 | 3 | 5 | 2 | 6 | 9 | 7 | 4 |
| 4 | 9 | 5 | 8 | 3 | 7 | 6 | 2 | 1 |
| 6 | 7 | 2 | 1 | 9 | 4 | 3 | 8 | 5 |
| 9 | 5 | 7 | 4 | 6 | 8 | 1 | 3 | 2 |
| 1 | 3 | 4 | 2 | 5 | 9 | 7 | 6 | 8 |
| 2 | 8 | 6 | 3 | 7 | 1 | 4 | 5 | 9 |

### Puzzle 19 (Easy, difficulty rating 0.42)

| 2 | 1 | 4 | 3 | 7 | 6 | 8 | 5 | 9 |
|---|---|---|---|---|---|---|---|---|
| 9 | 3 | 5 | 8 | 1 | 2 | 6 | 7 | 4 |
| 8 | 7 | 6 | 5 | 4 | 9 | 1 | 3 | 2 |
| 5 | 4 | 9 | 2 | 6 | 1 | 3 | 8 | 7 |
| 6 | 8 | 1 | 9 | 3 | 7 | 4 | 2 | 5 |
| 7 | 2 | 3 | 4 | 8 | 5 | 9 | 1 | 6 |
| 4 | 6 | 2 | 1 | 5 | 3 | 7 | 9 | 8 |
| 1 | 9 | 7 | 6 | 2 | 8 | 5 | 4 | 3 |
| 3 | 5 | 8 | 7 | 9 | 4 | 2 | 6 | 1 |

### Puzzle 20 (Easy, difficulty rating 0.27)

| 4 | 8 | 9 | 3 | 7 | 2 | 5 | 1 | 6 |
|---|---|---|---|---|---|---|---|---|
| 1 | 2 | 3 | 9 | 6 | 5 | 4 | 8 | 7 |
| 5 | 7 | 6 | 4 | 1 | 8 | 3 | 2 | 9 |
| 6 | 1 | 2 | 5 | 9 | 7 | 8 | 3 | 4 |
| 8 | 3 | 7 | 6 | 4 | 1 | 9 | 5 | 2 |
| 9 | 5 | 4 | 2 | 8 | 3 | 6 | 7 | 1 |
| 7 | 9 | 1 | 8 | 3 | 4 | 2 | 6 | 5 |
| 2 | 4 | 8 | 1 | 5 | 6 | 7 | 9 | 3 |
| 3 | 6 | 5 | 7 | 2 | 9 | 1 | 4 | 8 |

### Puzzle 21 (Easy, difficulty rating 0.44)

| 8 | 3 | 9 | 1 | 7 | 4 | 2 | 6 | 5 |
|---|---|---|---|---|---|---|---|---|
| 5 | 4 | 6 | 8 | 2 | 3 | 1 | 9 | 7 |
| 7 | 2 | 1 | 5 | 6 | 9 | 4 | 3 | 8 |
| 4 | 5 | 2 | 3 | 8 | 7 | 6 | 1 | 9 |
| 6 | 8 | 3 | 9 | 1 | 5 | 7 | 2 | 4 |
| 9 | 1 | 7 | 2 | 4 | 6 | 5 | 8 | 3 |
| 2 | 7 | 4 | 6 | 9 | 8 | 3 | 5 | 1 |
| 3 | 6 | 8 | 4 | 5 | 1 | 9 | 7 | 2 |
| 1 | 9 | 5 | 7 | 3 | 2 | 8 | 4 | 6 |

### Puzzle 22 (Easy, difficulty rating 0.37)

| 4 | 2 | 1 | 3 | 7 | 8 | 6 | 5 | 9 |
|---|---|---|---|---|---|---|---|---|
| 3 | 6 | 8 | 1 | 9 | 5 | 7 | 4 | 2 |
| 9 | 7 | 5 | 4 | 2 | 6 | 1 | 3 | 8 |
| 8 | 3 | 6 | 9 | 5 | 1 | 2 | 7 | 4 |
| 1 | 4 | 9 | 7 | 6 | 2 | 3 | 8 | 5 |
| 7 | 5 | 2 | 8 | 4 | 3 | 9 | 1 | 6 |
| 6 | 8 | 4 | 2 | 3 | 7 | 5 | 9 | 1 |
| 5 | 1 | 7 | 6 | 8 | 9 | 4 | 2 | 3 |
| 2 | 9 | 3 | 5 | 1 | 4 | 8 | 6 | 7 |

### Puzzle 23 (Easy, difficulty rating 0.28)

| 3 | 4 | 7 | 2 | 5 | 8 | 9 | 6 | 1 |
|---|---|---|---|---|---|---|---|---|
| 9 | 1 | 2 | 6 | 7 | 4 | 8 | 3 | 5 |
| 5 | 6 | 8 | 1 | 9 | 3 | 7 | 2 | 4 |
| 2 | 7 | 6 | 9 | 4 | 1 | 5 | 8 | 3 |
| 4 | 9 | 3 | 5 | 8 | 6 | 1 | 7 | 2 |
| 8 | 5 | 1 | 3 | 2 | 7 | 4 | 9 | 6 |
| 7 | 8 | 5 | 4 | 3 | 2 | 6 | 1 | 9 |
| 6 | 3 | 9 | 8 | 1 | 5 | 2 | 4 | 7 |
| 1 | 2 | 4 | 7 | 6 | 9 | 3 | 5 | 8 |

### Puzzle 24 (Easy, difficulty rating 0.40)

| 1 | 3 | 9 | 7 | 4 | 2 | 5 | 6 | 8 |
|---|---|---|---|---|---|---|---|---|
| 4 | 8 | 2 | 6 | 5 | 1 | 7 | 3 | 9 |
| 5 | 6 | 7 | 9 | 3 | 8 | 1 | 4 | 2 |
| 7 | 9 | 1 | 4 | 8 | 3 | 2 | 5 | 6 |
| 8 | 5 | 4 | 2 | 9 | 6 | 3 | 7 | 1 |
| 6 | 2 | 3 | 1 | 7 | 5 | 9 | 8 | 4 |
| 3 | 4 | 8 | 5 | 2 | 9 | 6 | 1 | 7 |
| 2 | 1 | 5 | 8 | 6 | 7 | 4 | 9 | 3 |
| 9 | 7 | 6 | 3 | 1 | 4 | 8 | 2 | 5 |

**Puzzle 25 (Easy, difficulty rating 0.41)**

| 7 | 9 | 4 | 3 | 5 | 8 | 1 | 6 | 2 |
|---|---|---|---|---|---|---|---|---|
| 5 | 8 | 2 | 1 | 9 | 6 | 3 | 7 | 4 |
| 6 | 3 | 1 | 2 | 7 | 4 | 5 | 8 | 9 |
| 8 | 4 | 7 | 6 | 1 | 5 | 9 | 2 | 3 |
| 3 | 6 | 9 | 7 | 4 | 2 | 8 | 5 | 1 |
| 1 | 2 | 5 | 8 | 3 | 9 | 7 | 4 | 6 |
| 4 | 1 | 8 | 9 | 6 | 7 | 2 | 3 | 5 |
| 9 | 7 | 6 | 5 | 2 | 3 | 4 | 1 | 8 |
| 2 | 5 | 3 | 4 | 8 | 1 | 6 | 9 | 7 |

**Puzzle 26 (Easy, difficulty rating 0.32)**

| 8 | 6 | 4 | 7 | 9 | 2 | 5 | 1 | 3 |
|---|---|---|---|---|---|---|---|---|
| 2 | 1 | 5 | 4 | 3 | 6 | 7 | 8 | 9 |
| 9 | 3 | 7 | 5 | 1 | 8 | 6 | 4 | 2 |
| 1 | 2 | 9 | 8 | 6 | 4 | 3 | 7 | 5 |
| 3 | 4 | 8 | 9 | 7 | 5 | 1 | 2 | 6 |
| 7 | 5 | 6 | 3 | 2 | 1 | 8 | 9 | 4 |
| 5 | 8 | 2 | 1 | 4 | 3 | 9 | 6 | 7 |
| 6 | 9 | 3 | 2 | 8 | 7 | 4 | 5 | 1 |
| 4 | 7 | 1 | 6 | 5 | 9 | 2 | 3 | 8 |

**Puzzle 27 (Easy, difficulty rating 0.31)**

| 8 | 7 | 1 | 3 | 9 | 5 | 6 | 2 | 4 |
|---|---|---|---|---|---|---|---|---|
| 2 | 9 | 6 | 1 | 4 | 8 | 5 | 7 | 3 |
| 3 | 5 | 4 | 6 | 2 | 7 | 1 | 9 | 8 |
| 7 | 1 | 8 | 4 | 6 | 2 | 3 | 5 | 9 |
| 5 | 3 | 2 | 7 | 1 | 9 | 8 | 4 | 6 |
| 6 | 4 | 9 | 8 | 5 | 3 | 7 | 1 | 2 |
| 1 | 6 | 5 | 9 | 8 | 4 | 2 | 3 | 7 |
| 9 | 2 | 7 | 5 | 3 | 6 | 4 | 8 | 1 |
| 4 | 8 | 3 | 2 | 7 | 1 | 9 | 6 | 5 |

**Puzzle 28 (Easy, difficulty rating 0.42)**

| 5 | 8 | 6 | 4 | 7 | 3 | 9 | 2 | 1 |
|---|---|---|---|---|---|---|---|---|
| 2 | 1 | 7 | 9 | 5 | 6 | 3 | 4 | 8 |
| 3 | 4 | 9 | 8 | 2 | 1 | 6 | 5 | 7 |
| 6 | 2 | 3 | 5 | 4 | 7 | 1 | 8 | 9 |
| 4 | 9 | 1 | 2 | 6 | 8 | 7 | 3 | 5 |
| 7 | 5 | 8 | 3 | 1 | 9 | 2 | 6 | 4 |
| 8 | 3 | 2 | 1 | 9 | 5 | 4 | 7 | 6 |
| 1 | 7 | 5 | 6 | 3 | 4 | 8 | 9 | 2 |
| 9 | 6 | 4 | 7 | 8 | 2 | 5 | 1 | 3 |

**Puzzle 29 (Easy, difficulty rating 0.31)**

| 4 | 6 | 9 | 5 | 3 | 2 | 8 | 1 | 7 |
|---|---|---|---|---|---|---|---|---|
| 2 | 5 | 1 | 8 | 6 | 7 | 9 | 4 | 3 |
| 7 | 8 | 3 | 9 | 4 | 1 | 6 | 2 | 5 |
| 5 | 2 | 4 | 7 | 8 | 9 | 3 | 6 | 1 |
| 8 | 3 | 6 | 4 | 1 | 5 | 7 | 9 | 2 |
| 9 | 1 | 7 | 3 | 2 | 6 | 5 | 8 | 4 |
| 6 | 7 | 8 | 2 | 5 | 4 | 1 | 3 | 9 |
| 1 | 4 | 5 | 6 | 9 | 3 | 2 | 7 | 8 |
| 3 | 9 | 2 | 1 | 7 | 8 | 4 | 5 | 6 |

**Puzzle 30 (Easy, difficulty rating 0.38)**

| 3 | 1 | 5 | 7 | 2 | 6 | 8 | 4 | 9 |
|---|---|---|---|---|---|---|---|---|
| 4 | 9 | 2 | 8 | 5 | 1 | 6 | 3 | 7 |
| 8 | 6 | 7 | 4 | 9 | 3 | 2 | 5 | 1 |
| 1 | 5 | 4 | 6 | 3 | 8 | 9 | 7 | 2 |
| 9 | 3 | 8 | 5 | 7 | 2 | 1 | 6 | 4 |
| 2 | 7 | 6 | 9 | 1 | 4 | 5 | 8 | 3 |
| 7 | 8 | 9 | 1 | 4 | 5 | 3 | 2 | 6 |
| 6 | 2 | 1 | 3 | 8 | 7 | 4 | 9 | 5 |
| 5 | 4 | 3 | 2 | 6 | 9 | 7 | 1 | 8 |

**Puzzle 31 (Easy, difficulty rating 0.42)**

| 9 | 2 | 4 | 7 | 6 | 3 | 8 | 1 | 5 |
|---|---|---|---|---|---|---|---|---|
| 7 | 5 | 6 | 4 | 8 | 1 | 2 | 3 | 9 |
| 3 | 8 | 1 | 9 | 2 | 5 | 6 | 7 | 4 |
| 5 | 6 | 9 | 2 | 1 | 8 | 3 | 4 | 7 |
| 2 | 7 | 8 | 3 | 5 | 4 | 1 | 9 | 6 |
| 4 | 1 | 3 | 6 | 9 | 7 | 5 | 2 | 8 |
| 1 | 9 | 5 | 8 | 7 | 2 | 4 | 6 | 3 |
| 8 | 3 | 7 | 1 | 4 | 6 | 9 | 5 | 2 |
| 6 | 4 | 2 | 5 | 3 | 9 | 7 | 8 | 1 |

**Puzzle 32 (Easy, difficulty rating 0.45)**

| 3 | 5 | 8 | 9 | 1 | 6 | 2 | 4 | 7 |
|---|---|---|---|---|---|---|---|---|
| 4 | 6 | 2 | 7 | 5 | 3 | 1 | 9 | 8 |
| 1 | 9 | 7 | 4 | 8 | 2 | 5 | 3 | 6 |
| 8 | 4 | 9 | 1 | 6 | 7 | 3 | 5 | 2 |
| 7 | 1 | 5 | 2 | 3 | 4 | 8 | 6 | 9 |
| 2 | 3 | 6 | 8 | 9 | 5 | 4 | 7 | 1 |
| 9 | 2 | 3 | 5 | 7 | 1 | 6 | 8 | 4 |
| 5 | 8 | 1 | 6 | 4 | 9 | 7 | 2 | 3 |
| 6 | 7 | 4 | 3 | 2 | 8 | 9 | 1 | 5 |

**Puzzle 33 (Easy, difficulty rating 0.44)**

| 8 | 1 | 9 | 4 | 6 | 2 | 3 | 7 | 5 |
|---|---|---|---|---|---|---|---|---|
| 4 | 2 | 7 | 5 | 3 | 1 | 9 | 8 | 6 |
| 6 | 5 | 3 | 8 | 9 | 7 | 2 | 1 | 4 |
| 9 | 3 | 6 | 7 | 2 | 4 | 8 | 5 | 1 |
| 2 | 7 | 8 | 1 | 5 | 6 | 4 | 9 | 3 |
| 5 | 4 | 1 | 9 | 8 | 3 | 7 | 6 | 2 |
| 7 | 8 | 2 | 6 | 4 | 5 | 1 | 3 | 9 |
| 1 | 6 | 4 | 3 | 7 | 9 | 5 | 2 | 8 |
| 3 | 9 | 5 | 2 | 1 | 8 | 6 | 4 | 7 |

**Puzzle 34 (Easy, difficulty rating 0.40)**

| 8 | 6 | 5 | 1 | 9 | 7 | 2 | 4 | 3 |
|---|---|---|---|---|---|---|---|---|
| 1 | 3 | 9 | 8 | 2 | 4 | 6 | 5 | 7 |
| 7 | 4 | 2 | 5 | 6 | 3 | 1 | 9 | 8 |
| 9 | 2 | 6 | 3 | 8 | 1 | 5 | 7 | 4 |
| 4 | 7 | 8 | 2 | 5 | 6 | 9 | 3 | 1 |
| 3 | 5 | 1 | 7 | 4 | 9 | 8 | 6 | 2 |
| 6 | 9 | 7 | 4 | 1 | 2 | 3 | 8 | 5 |
| 2 | 8 | 3 | 9 | 7 | 5 | 4 | 1 | 6 |
| 5 | 1 | 4 | 6 | 3 | 8 | 7 | 2 | 9 |

**Puzzle 35 (Easy, difficulty rating 0.37)**

| 1 | 6 | 8 | 5 | 7 | 2 | 3 | 9 | 4 |
|---|---|---|---|---|---|---|---|---|
| 4 | 7 | 2 | 8 | 9 | 3 | 5 | 6 | 1 |
| 9 | 5 | 3 | 1 | 6 | 4 | 8 | 7 | 2 |
| 6 | 8 | 9 | 2 | 3 | 1 | 4 | 5 | 7 |
| 3 | 1 | 4 | 7 | 5 | 8 | 6 | 2 | 9 |
| 7 | 2 | 5 | 6 | 4 | 9 | 1 | 8 | 3 |
| 8 | 3 | 7 | 4 | 2 | 6 | 9 | 1 | 5 |
| 5 | 4 | 6 | 9 | 1 | 7 | 2 | 3 | 8 |
| 2 | 9 | 1 | 3 | 8 | 5 | 7 | 4 | 6 |

**Puzzle 36 (Easy, difficulty rating 0.41)**

| 4 | 3 | 9 | 2 | 1 | 7 | 8 | 5 | 6 |
|---|---|---|---|---|---|---|---|---|
| 5 | 7 | 2 | 8 | 3 | 6 | 9 | 1 | 4 |
| 8 | 1 | 6 | 9 | 4 | 5 | 2 | 7 | 3 |
| 2 | 8 | 4 | 6 | 7 | 3 | 1 | 9 | 5 |
| 3 | 6 | 5 | 1 | 2 | 9 | 7 | 4 | 8 |
| 7 | 9 | 1 | 4 | 5 | 8 | 6 | 3 | 2 |
| 9 | 4 | 7 | 3 | 6 | 2 | 5 | 8 | 1 |
| 1 | 2 | 8 | 5 | 9 | 4 | 3 | 6 | 7 |
| 6 | 5 | 3 | 7 | 8 | 1 | 4 | 2 | 9 |

### Puzzle 37 (Easy, difficulty rating 0.42)

| 5 | 3 | 9 | 2 | 1 | 4 | 7 | 6 | 8 |
|---|---|---|---|---|---|---|---|---|
| 1 | 4 | 6 | 8 | 9 | 7 | 3 | 2 | 5 |
| 2 | 8 | 7 | 5 | 3 | 6 | 4 | 1 | 9 |
| 9 | 5 | 4 | 1 | 6 | 2 | 8 | 3 | 7 |
| 8 | 1 | 3 | 4 | 7 | 9 | 2 | 5 | 6 |
| 6 | 7 | 2 | 3 | 8 | 5 | 9 | 4 | 1 |
| 3 | 6 | 8 | 7 | 4 | 1 | 5 | 9 | 2 |
| 4 | 9 | 5 | 6 | 2 | 8 | 1 | 7 | 3 |
| 7 | 2 | 1 | 9 | 5 | 3 | 6 | 8 | 4 |

### Puzzle 38 (Easy, difficulty rating 0.40)

| 4 | 5 | 2 | 3 | 7 | 8 | 9 | 1 | 6 |
|---|---|---|---|---|---|---|---|---|
| 9 | 3 | 6 | 2 | 4 | 1 | 7 | 8 | 5 |
| 7 | 1 | 8 | 6 | 5 | 9 | 4 | 3 | 2 |
| 2 | 6 | 9 | 4 | 8 | 7 | 3 | 5 | 1 |
| 5 | 7 | 4 | 1 | 6 | 3 | 8 | 2 | 9 |
| 1 | 8 | 3 | 9 | 2 | 5 | 6 | 7 | 4 |
| 6 | 9 | 1 | 7 | 3 | 2 | 5 | 4 | 8 |
| 3 | 2 | 5 | 8 | 9 | 4 | 1 | 6 | 7 |
| 8 | 4 | 7 | 5 | 1 | 6 | 2 | 9 | 3 |

### Puzzle 39 (Easy, difficulty rating 0.44)

| 4 | 9 | 5 | 7 | 6 | 3 | 1 | 8 | 2 |
|---|---|---|---|---|---|---|---|---|
| 6 | 3 | 8 | 4 | 1 | 2 | 7 | 5 | 9 |
| 2 | 1 | 7 | 8 | 9 | 5 | 3 | 4 | 6 |
| 1 | 7 | 4 | 2 | 8 | 9 | 6 | 3 | 5 |
| 8 | 5 | 6 | 1 | 3 | 7 | 2 | 9 | 4 |
| 3 | 2 | 9 | 5 | 4 | 6 | 8 | 1 | 7 |
| 7 | 6 | 1 | 9 | 5 | 8 | 4 | 2 | 3 |
| 9 | 8 | 3 | 6 | 2 | 4 | 5 | 7 | 1 |
| 5 | 4 | 2 | 3 | 7 | 1 | 9 | 6 | 8 |

### Puzzle 40 (Easy, difficulty rating 0.43)

| 8 | 2 | 5 | 7 | 6 | 1 | 9 | 3 | 4 |
|---|---|---|---|---|---|---|---|---|
| 1 | 3 | 4 | 2 | 5 | 9 | 7 | 8 | 6 |
| 9 | 7 | 6 | 8 | 3 | 4 | 2 | 1 | 5 |
| 4 | 5 | 9 | 1 | 8 | 6 | 3 | 2 | 7 |
| 6 | 1 | 3 | 4 | 2 | 7 | 8 | 5 | 9 |
| 2 | 8 | 7 | 3 | 9 | 5 | 4 | 6 | 1 |
| 3 | 9 | 1 | 5 | 4 | 2 | 6 | 7 | 8 |
| 5 | 6 | 2 | 9 | 7 | 8 | 1 | 4 | 3 |
| 7 | 4 | 8 | 6 | 1 | 3 | 5 | 9 | 2 |

### Puzzle 41 (Easy, difficulty rating 0.39)

| 7 | 8 | 5 | 4 | 2 | 1 | 6 | 3 | 9 |
|---|---|---|---|---|---|---|---|---|
| 3 | 2 | 4 | 9 | 8 | 6 | 1 | 7 | 5 |
| 6 | 9 | 1 | 3 | 5 | 7 | 2 | 8 | 4 |
| 1 | 7 | 3 | 6 | 4 | 8 | 9 | 5 | 2 |
| 9 | 5 | 6 | 7 | 3 | 2 | 8 | 4 | 1 |
| 2 | 4 | 8 | 1 | 9 | 5 | 7 | 6 | 3 |
| 4 | 3 | 7 | 2 | 6 | 9 | 5 | 1 | 8 |
| 5 | 6 | 2 | 8 | 1 | 4 | 3 | 9 | 7 |
| 8 | 1 | 9 | 5 | 7 | 3 | 4 | 2 | 6 |

### Puzzle 42 (Easy, difficulty rating 0.41)

| 9 | 2 | 4 | 5 | 6 | 7 | 8 | 1 | 3 |
|---|---|---|---|---|---|---|---|---|
| 5 | 1 | 7 | 3 | 9 | 8 | 6 | 2 | 4 |
| 3 | 6 | 8 | 4 | 2 | 1 | 5 | 7 | 9 |
| 1 | 9 | 6 | 7 | 3 | 4 | 2 | 5 | 8 |
| 8 | 3 | 5 | 6 | 1 | 2 | 4 | 9 | 7 |
| 4 | 7 | 2 | 8 | 5 | 9 | 1 | 3 | 6 |
| 2 | 8 | 3 | 9 | 4 | 5 | 7 | 6 | 1 |
| 6 | 4 | 1 | 2 | 7 | 3 | 9 | 8 | 5 |
| 7 | 5 | 9 | 1 | 8 | 6 | 3 | 4 | 2 |

### Puzzle 43 (Easy, difficulty rating 0.37)

| 3 | 1 | 2 | 5 | 9 | 8 | 6 | 7 | 4 |
|---|---|---|---|---|---|---|---|---|
| 5 | 9 | 4 | 7 | 6 | 3 | 1 | 8 | 2 |
| 7 | 6 | 8 | 4 | 2 | 1 | 3 | 5 | 9 |
| 4 | 2 | 1 | 9 | 3 | 5 | 8 | 6 | 7 |
| 8 | 7 | 9 | 1 | 4 | 6 | 2 | 3 | 5 |
| 6 | 3 | 5 | 8 | 7 | 2 | 9 | 4 | 1 |
| 2 | 4 | 7 | 3 | 8 | 9 | 5 | 1 | 6 |
| 1 | 8 | 6 | 2 | 5 | 7 | 4 | 9 | 3 |
| 9 | 5 | 3 | 6 | 1 | 4 | 7 | 2 | 8 |

### Puzzle 44 (Easy, difficulty rating 0.36)

| 1 | 6 | 8 | 5 | 7 | 2 | 3 | 9 | 4 |
|---|---|---|---|---|---|---|---|---|
| 4 | 7 | 2 | 8 | 9 | 3 | 5 | 6 | 1 |
| 9 | 5 | 3 | 1 | 6 | 4 | 8 | 7 | 2 |
| 6 | 8 | 9 | 2 | 3 | 1 | 4 | 5 | 7 |
| 3 | 1 | 4 | 7 | 5 | 8 | 6 | 2 | 9 |
| 7 | 2 | 5 | 6 | 4 | 9 | 1 | 8 | 3 |
| 8 | 3 | 7 | 4 | 2 | 6 | 9 | 1 | 5 |
| 5 | 4 | 6 | 9 | 1 | 7 | 2 | 3 | 8 |
| 2 | 9 | 1 | 3 | 8 | 5 | 7 | 4 | 6 |

### Puzzle 45 (Easy, difficulty rating 0.38)

| 2 | 8 | 5 | 7 | 4 | 3 | 9 | 1 | 6 |
|---|---|---|---|---|---|---|---|---|
| 7 | 3 | 9 | 8 | 1 | 6 | 2 | 4 | 5 |
| 1 | 4 | 6 | 5 | 2 | 9 | 3 | 7 | 8 |
| 6 | 9 | 7 | 1 | 5 | 2 | 4 | 8 | 3 |
| 4 | 5 | 8 | 6 | 3 | 7 | 1 | 9 | 2 |
| 3 | 1 | 2 | 9 | 8 | 4 | 6 | 5 | 7 |
| 8 | 2 | 1 | 3 | 9 | 5 | 7 | 6 | 4 |
| 5 | 7 | 3 | 4 | 6 | 1 | 8 | 2 | 9 |
| 9 | 6 | 4 | 2 | 7 | 8 | 5 | 3 | 1 |

### Puzzle 46 (Easy, difficulty rating 0.44)

| 1 | 9 | 4 | 8 | 2 | 7 | 6 | 5 | 3 |
|---|---|---|---|---|---|---|---|---|
| 6 | 2 | 8 | 5 | 3 | 1 | 4 | 9 | 7 |
| 7 | 3 | 5 | 4 | 6 | 9 | 8 | 2 | 1 |
| 2 | 5 | 7 | 6 | 1 | 8 | 3 | 4 | 9 |
| 4 | 8 | 9 | 3 | 7 | 2 | 1 | 6 | 5 |
| 3 | 6 | 1 | 9 | 4 | 5 | 7 | 8 | 2 |
| 5 | 1 | 3 | 2 | 8 | 6 | 9 | 7 | 4 |
| 8 | 4 | 2 | 7 | 9 | 3 | 5 | 1 | 6 |
| 9 | 7 | 6 | 1 | 5 | 4 | 2 | 3 | 8 |

### Puzzle 47 (Easy, difficulty rating 0.40)

| 6 | 9 | 8 | 7 | 2 | 5 | 3 | 1 | 4 |
|---|---|---|---|---|---|---|---|---|
| 1 | 3 | 7 | 6 | 4 | 9 | 5 | 8 | 2 |
| 4 | 5 | 2 | 8 | 3 | 1 | 6 | 7 | 9 |
| 9 | 8 | 4 | 3 | 5 | 6 | 7 | 2 | 1 |
| 7 | 6 | 5 | 9 | 1 | 2 | 4 | 3 | 8 |
| 3 | 2 | 1 | 4 | 7 | 8 | 9 | 6 | 5 |
| 5 | 1 | 9 | 2 | 6 | 3 | 8 | 4 | 7 |
| 8 | 4 | 3 | 1 | 9 | 7 | 2 | 5 | 6 |
| 2 | 7 | 6 | 5 | 8 | 4 | 1 | 9 | 3 |

### Puzzle 48 (Easy, difficulty rating 0.44)

| 9 | 3 | 1 | 6 | 4 | 8 | 2 | 7 | 5 |
|---|---|---|---|---|---|---|---|---|
| 7 | 2 | 5 | 3 | 1 | 9 | 6 | 8 | 4 |
| 8 | 6 | 4 | 7 | 5 | 2 | 3 | 1 | 9 |
| 4 | 9 | 6 | 1 | 2 | 7 | 8 | 5 | 3 |
| 3 | 1 | 7 | 5 | 8 | 4 | 9 | 6 | 2 |
| 2 | 5 | 8 | 9 | 6 | 3 | 1 | 4 | 7 |
| 1 | 7 | 3 | 4 | 9 | 6 | 5 | 2 | 8 |
| 6 | 4 | 2 | 8 | 3 | 5 | 7 | 9 | 1 |
| 5 | 8 | 9 | 2 | 7 | 1 | 4 | 3 | 6 |

**Puzzle 49 (Easy, difficulty rating 0.44)**

| 7 | 8 | 6 | 1 | 5 | 4 | 3 | 9 | 2 |
|---|---|---|---|---|---|---|---|---|
| 2 | 5 | 3 | 7 | 8 | 9 | 1 | 4 | 6 |
| 4 | 1 | 9 | 3 | 2 | 6 | 7 | 5 | 8 |
| 3 | 9 | 4 | 2 | 6 | 5 | 8 | 7 | 1 |
| 5 | 6 | 1 | 8 | 9 | 7 | 2 | 3 | 4 |
| 8 | 7 | 2 | 4 | 1 | 3 | 9 | 6 | 5 |
| 6 | 2 | 7 | 9 | 4 | 8 | 5 | 1 | 3 |
| 1 | 3 | 5 | 6 | 7 | 2 | 4 | 8 | 9 |
| 9 | 4 | 8 | 5 | 3 | 1 | 6 | 2 | 7 |

**Puzzle 50 (Easy, difficulty rating 0.38)**

| 2 | 5 | 1 | 4 | 3 | 9 | 7 | 8 | 6 |
|---|---|---|---|---|---|---|---|---|
| 8 | 4 | 6 | 1 | 5 | 7 | 9 | 2 | 3 |
| 9 | 7 | 3 | 8 | 6 | 2 | 4 | 5 | 1 |
| 4 | 2 | 9 | 7 | 8 | 1 | 6 | 3 | 5 |
| 3 | 1 | 8 | 5 | 9 | 6 | 2 | 4 | 7 |
| 5 | 6 | 7 | 2 | 4 | 3 | 1 | 9 | 8 |
| 7 | 8 | 4 | 6 | 2 | 5 | 3 | 1 | 9 |
| 6 | 9 | 2 | 3 | 1 | 8 | 5 | 7 | 4 |
| 1 | 3 | 5 | 9 | 7 | 4 | 8 | 6 | 2 |

# Sudoku Pattern (MEDUIM)

# Puzzle 1

|   | 4 |   | 3 |   | 7 | 8 |   |   |
|---|---|---|---|---|---|---|---|---|
| 7 | 1 |   |   |   |   | 2 |   |   |
| 3 |   | 5 |   | 6 | 2 |   |   |   |
|   | 5 |   |   | 9 | 4 |   |   |   |
|   |   |   | 7 |   | 6 |   |   |   |
|   |   |   | 5 | 1 |   |   | 7 |   |
|   |   |   | 6 | 4 |   | 9 |   | 3 |
|   |   | 9 |   |   |   |   | 4 | 6 |
|   |   | 8 | 9 |   | 1 |   | 2 |   |

# Puzzle 2

|   | 8 | 7 |   |   |   |   | 1 |   |
|---|---|---|---|---|---|---|---|---|
| 3 |   |   | 4 | 9 | 7 |   |   |   |
| 4 |   |   |   | 8 |   | 6 |   |   |
|   | 6 |   |   |   |   |   |   | 2 |
| 1 | 4 |   | 9 |   | 3 |   | 5 | 7 |
| 7 |   |   |   |   |   |   | 3 |   |
|   |   | 8 |   | 7 |   |   |   | 3 |
|   |   |   | 5 | 3 | 8 |   |   | 1 |
|   | 3 |   |   |   |   | 7 | 2 |   |

# Puzzle 3

|   |   |   | 2 |   | 6 |   |   | 8 |
|---|---|---|---|---|---|---|---|---|
|   |   | 4 |   | 5 |   | 9 |   | 1 |
|   |   |   |   |   |   |   | 4 | 6 |
|   |   | 1 | 4 | 3 |   |   |   | 7 |
|   | 2 |   | 1 |   | 7 |   | 8 |   |
| 4 |   |   |   | 6 | 2 | 3 |   |   |
| 1 | 8 |   |   |   |   |   |   |   |
| 9 |   | 5 |   | 1 |   | 8 |   |   |
| 7 |   |   | 5 |   | 4 |   |   |   |

# Puzzle 4

|   |   |   |   |   |   |   |   |   |
|---|---|---|---|---|---|---|---|---|
| 1 |   |   |   |   | 2 |   |   |   |
| 4 |   | 2 |   |   | 1 |   | 3 | 9 |
|   | 6 | 7 |   |   |   | 1 |   |   |
| 7 |   |   |   | 8 |   | 2 |   |   |
|   | 5 | 4 |   |   |   | 3 | 7 |   |
|   |   | 3 |   | 7 |   |   |   | 4 |
|   |   | 8 |   |   |   | 6 | 1 |   |
| 2 | 1 |   | 8 |   |   | 4 |   | 3 |
|   |   |   | 3 |   |   |   |   | 5 |

# Puzzle 5

|   |   |   |   |   |   |   |   |   |
|---|---|---|---|---|---|---|---|---|
| 3 |   | 6 | 8 |   | 5 |   |   |   |
|   |   | 5 |   | 3 |   | 7 |   | 6 |
|   | 8 |   |   |   | 7 | 1 |   |   |
|   | 5 |   | 7 |   |   |   | 4 |   |
|   |   |   | 3 | 8 | 2 |   |   |   |
|   | 3 |   |   |   | 9 |   | 1 |   |
|   |   | 3 | 4 |   |   |   | 2 |   |
| 9 |   | 4 |   | 7 |   | 8 |   |   |
|   |   |   | 9 |   | 8 | 4 |   | 1 |

# Puzzle 6

|   |   |   |   |   |   |   |   |   |
|---|---|---|---|---|---|---|---|---|
| 6 | 4 |   |   | 2 |   | 9 |   | 3 |
| 2 |   | 3 |   | 7 |   |   |   |   |
| 8 | 9 |   |   |   |   |   |   | 4 |
|   | 1 |   |   |   | 3 |   | 9 |   |
|   |   | 9 |   | 6 |   | 5 |   |   |
|   | 8 |   | 9 |   |   |   | 1 |   |
| 5 |   |   |   |   |   |   | 4 | 2 |
|   |   |   |   | 5 |   | 8 |   | 9 |
| 9 |   | 4 |   | 1 |   |   | 7 | 5 |

# Puzzle 7

|   | 9 |   | 5 |   | 7 |   |   |   |
|---|---|---|---|---|---|---|---|---|
|   |   | 6 | 4 |   | 8 |   | 7 | 9 |
|   | 7 | 3 |   |   |   | 4 |   |   |
|   | 4 |   | 8 | 5 |   |   |   |   |
|   |   | 5 |   |   |   | 1 |   |   |
|   |   |   |   | 9 | 3 |   | 2 |   |
|   |   | 9 |   |   |   | 3 | 4 |   |
| 4 | 6 |   | 3 |   | 1 | 7 |   |   |
|   |   |   | 7 |   | 9 |   | 1 |   |

# Puzzle 8

|   |   |   |   |   |   | 4 | 5 | 7 |
|---|---|---|---|---|---|---|---|---|
| 9 |   |   |   |   | 7 | 8 |   |   |
| 7 |   | 8 |   |   | 4 |   | 2 |   |
|   | 3 |   | 7 | 8 |   |   | 4 |   |
|   |   |   | 2 |   | 1 |   |   |   |
|   | 6 |   |   | 9 | 5 |   | 3 |   |
|   | 7 |   | 5 |   |   | 2 |   | 8 |
|   |   | 5 | 9 |   |   |   |   | 3 |
| 1 | 2 | 3 |   |   |   |   |   |   |

# Puzzle 9

|   | 9 | 2 |   | 6 | 5 |   |   |   |
|---|---|---|---|---|---|---|---|---|
| 8 | 4 |   |   |   | 7 |   |   | 5 |
|   |   | 5 |   |   |   |   |   | 9 |
|   |   |   |   |   |   |   | 9 | 5 |
| 2 | 5 |   | 9 |   | 1 |   | 4 | 6 |
|   | 6 | 3 |   |   |   |   |   |   |
| 3 |   |   |   |   |   | 1 |   |   |
| 1 |   |   | 4 |   |   |   | 9 | 7 |
|   |   |   |   | 7 | 1 | 3 | 2 |   |

# Puzzle 10

|   |   |   |   |   |   |   |   |   |
|---|---|---|---|---|---|---|---|---|
| 5 |   |   |   |   |   |   | 1 | 9 |
|   | 8 |   |   |   | 7 |   |   |   |
| 1 | 2 | 4 |   |   | 9 | 3 |   |   |
|   |   |   | 9 | 7 |   | 4 |   | 5 |
|   | 7 |   |   | 3 |   |   | 9 |   |
| 9 |   | 1 |   | 8 | 4 |   |   |   |
|   |   | 3 | 6 |   |   | 7 | 5 | 1 |
|   |   |   | 4 |   |   |   | 3 |   |
| 6 | 1 |   |   |   |   |   |   | 4 |

# Puzzle 11

|   |   |   |   |   |   |   |   |   |
|---|---|---|---|---|---|---|---|---|
| 5 |   | 4 |   |   | 9 |   |   |   |
|   |   | 8 | 1 | 3 |   | 7 |   |   |
|   |   |   |   |   | 7 |   | 5 | 8 |
|   | 1 | 5 |   |   |   |   |   | 2 |
|   |   | 2 | 5 |   | 3 | 6 |   |   |
| 7 |   |   |   |   |   | 3 | 1 |   |
| 4 | 8 |   | 7 |   |   |   |   |   |
|   |   | 1 |   | 4 | 2 | 5 |   |   |
|   |   |   | 9 |   |   | 4 |   | 3 |

# Puzzle 12

|   |   | 2 | 8 |   |   | 3 |   |   |
|---|---|---|---|---|---|---|---|---|
| 8 |   |   | 4 |   |   |   | 9 | 1 |
|   | 4 | 5 |   |   | 6 |   | 7 |   |
|   |   | 9 |   | 6 | 2 |   |   | 7 |
|   |   |   |   |   |   |   |   |   |
| 6 |   |   | 9 | 1 |   | 4 |   |   |
|   | 5 |   | 3 |   |   | 9 | 1 |   |
| 3 | 9 |   |   |   | 1 |   |   | 5 |
|   |   | 1 |   |   | 5 | 6 |   |   |

# Puzzle 13

|   |   |   |   |   | 6 | 9 | 5 |   |
|---|---|---|---|---|---|---|---|---|
|   | 4 |   | 2 |   | 9 |   | 8 |   |
|   |   | 9 |   | 3 |   |   |   | 6 |
| 1 | 6 |   | 7 |   |   |   |   | 2 |
|   |   | 7 |   |   |   |   | 8 |   |
| 2 |   |   |   |   | 3 |   | 1 | 4 |
| 8 |   |   |   | 2 |   | 4 |   |   |
|   | 2 |   | 3 |   | 5 |   | 7 |   |
|   | 1 | 4 | 9 |   |   |   |   |   |

# Puzzle 14

| | | | | | | | | |
|---|---|---|---|---|---|---|---|---|
| | 5 | | | 7 | 4 | 2 | | 6 |
| | 1 | | 9 | 6 | | | | |
| | | 6 | | | 5 | | | 3 |
| | | | | | | 7 | 9 | |
| 6 | 8 | | | 9 | | | 5 | 2 |
| | 9 | 2 | | | | | | |
| 1 | | | 7 | | | 8 | | |
| | | | | 4 | 9 | | 3 | |
| 2 | | 3 | 5 | 1 | | | 4 | |

# Puzzle 15

|   |   |   |   |   |   |   |   |   |
|---|---|---|---|---|---|---|---|---|
| 1 |   |   |   | 6 |   |   | 3 |   |
|   |   |   |   | 5 |   | 7 |   | 6 |
|   | 3 | 7 | 9 |   |   |   |   | 5 |
|   | 1 |   | 8 |   |   | 5 | 2 |   |
| 9 |   |   |   |   |   |   |   | 7 |
|   | 5 | 2 |   |   | 6 |   | 1 |   |
| 2 |   |   |   |   | 5 | 3 | 6 |   |
| 5 |   | 9 |   | 4 |   |   |   |   |
|   | 8 |   |   | 7 |   |   |   | 2 |

# Puzzle 16

|   |   |   |   |   |   |   |   |   |
|---|---|---|---|---|---|---|---|---|
| 3 |   | 5 | 7 |   |   | 9 |   |   |
|   |   | 6 |   |   |   |   | 5 | 2 |
|   | 2 | 4 | 6 |   |   |   | 3 | 7 |
|   |   | 2 |   | 8 | 7 |   |   |   |
|   |   |   |   | 5 |   |   |   |   |
|   |   |   | 1 | 4 |   | 2 |   |   |
| 5 | 6 |   |   |   | 3 | 4 | 1 |   |
| 4 | 1 |   |   |   |   | 5 |   |   |
|   |   | 3 |   |   | 4 | 7 |   | 6 |

# Puzzle 17

|   | 5 |   |   |   |   |   |   |   |
|---|---|---|---|---|---|---|---|---|
|   | 9 |   |   |   | 3 |   | 6 | 8 |
| 8 |   |   |   | 4 | 6 | 7 | 3 | 5 |
| 6 |   |   |   |   | 2 | 3 | 7 |   |
|   |   |   |   | 3 |   |   |   |   |
|   | 4 | 3 | 7 |   |   |   |   | 2 |
| 5 | 7 | 8 | 6 | 2 |   |   |   | 3 |
| 4 | 3 |   | 8 |   |   |   | 1 |   |
|   |   |   |   |   |   |   | 8 |   |

# Puzzle 18

| 8 |   |   | 1 |   |   |   | 2 | 4 |
|---|---|---|---|---|---|---|---|---|
| 4 |   | 1 |   | 2 | 5 |   | 3 |   |
| 2 |   |   |   |   | 3 |   |   |   |
| 5 |   | 4 |   |   |   |   | 1 |   |
|   | 2 |   |   |   |   |   | 9 |   |
|   | 3 |   |   |   |   | 4 |   | 5 |
|   |   |   | 2 |   |   |   |   | 9 |
|   | 6 |   | 3 | 4 |   | 8 |   | 7 |
| 7 | 1 |   |   |   | 9 |   |   | 3 |

# Puzzle 19

| 6 |   | 1 |   | 8 |   |   |   |   |
|---|---|---|---|---|---|---|---|---|
|   | 9 |   | 6 |   |   |   |   |   |
|   | 2 | 8 |   | 9 | 1 |   |   | 7 |
| 5 |   | 4 |   | 6 |   |   |   | 3 |
|   | 8 |   |   |   |   |   | 1 |   |
| 3 |   |   |   | 4 |   | 8 |   | 9 |
| 2 |   |   | 9 | 3 |   | 5 | 7 |   |
|   |   |   |   |   | 6 |   | 3 |   |
|   |   |   |   | 1 |   | 6 |   | 4 |

# Puzzle 20

|   |   |   |   |   |   |   |   |   |
|---|---|---|---|---|---|---|---|---|
| 4 | 8 |   | 5 |   |   |   |   |   |
|   |   | 9 |   |   | 7 |   |   |   |
|   |   |   |   | 2 | 4 |   |   | 3 |
|   |   | 8 |   | 9 |   |   | 2 | 6 |
| 2 |   | 5 | 4 | 6 | 8 | 3 |   | 9 |
| 9 | 6 |   |   | 1 |   | 8 |   |   |
| 6 |   |   | 8 | 4 |   |   |   |   |
|   |   |   | 9 |   |   | 1 |   |   |
|   |   |   |   |   | 1 |   | 7 | 4 |

# Puzzle 21

|   | 3 | 8 |   |   |   |   | 4 |   |   |
|---|---|---|---|---|---|---|---|---|---|
| 5 |   |   |   |   | 3 | 9 | 8 |   |
|   |   |   |   |   | 7 | 5 |   |   |
|   |   |   | 5 |   |   | 7 |   | 2 |
| 7 | 4 |   | 1 |   | 6 |   | 3 | 9 |
| 2 |   | 9 |   |   | 8 |   |   |   |
|   |   | 7 | 9 |   |   |   |   |   |
|   | 2 | 1 | 3 |   |   |   |   | 7 |
|   |   | 6 |   |   |   | 3 | 5 |   |

# Puzzle 22

|   | 4 |   | 6 | 1 | 8 | 3 |   |   |
|---|---|---|---|---|---|---|---|---|
|   | 2 |   |   | 3 | 4 |   |   |   |
| 3 |   |   |   |   | 2 | 7 |   |   |
| 9 | 3 |   |   |   |   | 1 |   |   |
|   |   | 2 |   | 8 |   | 4 |   |   |
|   |   | 5 |   |   |   |   | 9 | 2 |
|   |   | 3 | 9 |   |   |   |   | 7 |
|   |   |   | 4 | 2 |   |   | 1 |   |
|   |   | 4 | 8 | 7 | 6 |   | 3 |   |

# Puzzle 23

|   |   | 6 | 3 |   |   |   | 9 |   |
|---|---|---|---|---|---|---|---|---|
|   | 1 | 3 |   |   |   |   |   |   |
|   |   |   |   | 1 | 7 | 3 | 8 | 2 |
| 9 |   |   |   |   | 8 |   | 1 |   |
| 4 |   | 8 |   |   |   | 9 |   | 5 |
|   | 2 |   | 5 |   |   |   |   | 8 |
| 8 | 3 | 7 | 4 | 9 |   |   |   |   |
|   |   |   |   |   |   | 6 | 4 |   |
|   | 9 |   |   |   | 1 | 8 |   |   |

# Puzzle 24

|   |   | 2 | 9 |   |   |   | 6 |   |
|---|---|---|---|---|---|---|---|---|
| 6 |   | 1 | 3 |   |   |   | 4 | 2 |
| 3 |   |   |   |   |   | 7 |   | 1 |
| 2 |   |   |   | 8 | 7 |   |   |   |
|   |   | 8 |   | 3 |   | 1 |   |   |
|   |   |   |   | 6 | 2 |   |   | 5 |
| 5 |   | 9 |   |   |   |   |   | 4 |
| 7 | 4 |   |   |   | 2 | 6 |   | 9 |
|   | 2 |   |   |   | 4 | 3 |   |   |

# Puzzle 25

|   | 4 |   |   |   |   |   |   |   |
|---|---|---|---|---|---|---|---|---|
|   | 2 | 7 | 1 |   | 4 |   |   | 8 |
|   |   | 3 |   |   | 2 | 6 | 1 |   |
|   |   |   | 8 | 4 |   | 2 |   |   |
| 4 |   |   | 9 | 1 | 7 |   |   | 3 |
|   |   | 8 |   | 2 | 3 |   |   |   |
|   | 9 | 1 | 7 |   |   | 4 |   |   |
| 2 |   |   | 4 |   | 9 | 1 | 5 |   |
|   |   |   |   |   |   |   | 9 |   |

# Puzzle 26

|   | 1 | 8 |   |   | 4 |   | 3 |   |
|---|---|---|---|---|---|---|---|---|
|   | 9 |   |   |   |   |   | 1 | 5 |
|   |   | 5 | 8 | 1 |   |   |   |   |
|   | 3 |   | 4 |   |   | 7 | 9 |   |
| 1 |   |   |   |   |   |   |   | 8 |
|   | 2 | 9 |   |   | 6 |   | 5 |   |
|   |   |   |   | 2 | 1 | 3 |   |   |
| 9 | 8 |   |   |   |   |   | 6 |   |
|   | 7 |   | 3 |   |   | 5 | 4 |   |

# Puzzle 27

| 4 | 8 |   | 5 | 2 |   |   |   |   |
|---|---|---|---|---|---|---|---|---|
|   | 9 | 1 |   |   |   |   | 8 |   |
| 7 |   |   |   |   |   | 1 | 6 |   |
|   |   |   | 2 | 1 |   |   | 5 | 8 |
|   |   | 7 |   |   |   | 1 |   |   |
| 1 | 2 |   |   | 5 | 3 |   |   |   |
|   |   | 3 | 8 |   |   |   |   | 7 |
|   | 4 |   |   |   |   | 2 | 1 |   |
|   |   |   |   | 3 | 2 |   | 4 | 9 |

# Puzzle 28

|   |   |   |   |   |   |   |   |   |
|---|---|---|---|---|---|---|---|---|
| 5 |   |   |   |   |   |   | 2 |   |
|   | 6 | 7 |   |   |   |   | 1 |   |
|   | 1 |   |   | 6 | 5 | 9 | 7 |   |
|   | 2 | 4 |   | 7 |   |   |   | 9 |
|   |   |   | 6 |   | 1 |   |   |   |
| 3 |   |   |   | 9 |   | 7 | 6 |   |
|   | 5 | 3 | 8 | 2 |   |   | 4 |   |
|   | 7 |   |   |   |   | 8 | 3 |   |
|   | 4 |   |   |   |   |   |   | 5 |

# Puzzle 29

|   | 3 |   | 1 |   | 9 |   | 5 | 4 |
|---|---|---|---|---|---|---|---|---|
|   |   | 9 |   |   | 5 |   | 6 |   |
| 4 |   | 2 |   |   |   | 1 | 9 |   |
|   |   |   |   |   | 3 |   |   |   |
|   |   | 7 | 4 | 9 | 8 | 6 |   |   |
|   |   |   | 5 |   |   |   |   |   |
|   | 7 | 8 |   |   |   | 4 |   | 3 |
|   | 9 |   | 7 |   |   | 5 |   |   |
| 1 | 6 |   | 3 |   | 4 |   | 7 |   |

# Puzzle 30

|   |   |   |   | 5 | 1 |   |   | 3 |
|---|---|---|---|---|---|---|---|---|
| 8 |   |   |   |   | 7 |   |   | 2 |
|   | 1 |   |   | 4 |   | 7 |   | 5 |
|   |   |   |   | 2 | 9 | 8 | 3 |   |
|   |   |   | 1 |   | 3 |   |   |   |
|   | 6 | 9 | 5 | 8 |   |   |   |   |
| 1 |   | 5 |   | 9 |   |   | 6 |   |
| 7 |   |   | 2 |   |   |   |   | 9 |
| 9 |   |   | 7 | 3 |   |   |   |   |

# Puzzle 31

|   | 3 |   | 6 | 2 | 1 |   | 7 |   |
|---|---|---|---|---|---|---|---|---|
| 1 |   |   |   |   |   | 9 |   |   |
|   | 5 |   |   |   |   | 6 | 1 |   |
| 2 | 6 |   |   | 9 |   | 1 | 5 |   |
|   |   |   |   | 3 |   |   |   |   |
|   | 9 | 1 |   | 6 |   |   | 8 | 3 |
|   | 2 | 5 |   |   |   |   | 6 |   |
|   |   | 8 |   |   |   |   |   | 5 |
|   | 1 |   | 7 | 5 | 3 |   | 2 |   |

# Puzzle 32

|   |   |   |   |   |   |   |   |   |
|---|---|---|---|---|---|---|---|---|
| 9 |   | 1 |   |   | 4 | 2 |   |   |
| 7 |   | 6 |   | 9 |   |   |   | 1 |
|   |   |   | 8 |   |   | 9 |   |   |
|   | 2 |   |   |   | 1 | 5 |   |   |
|   |   | 7 | 2 |   | 9 | 3 |   |   |
|   |   | 9 | 5 |   |   |   | 8 |   |
|   |   | 4 |   |   | 5 |   |   |   |
| 8 |   |   |   | 4 |   | 1 |   | 9 |
|   |   | 5 | 9 |   |   | 4 |   | 3 |

# Puzzle 33

| 5 |   | 6 |   | 7 |   |   |   | 1 |
|---|---|---|---|---|---|---|---|---|
|   | 1 |   | 9 |   | 6 |   |   |   |
| 3 | 4 |   |   | 2 |   |   |   |   |
| 6 | 2 |   | 5 |   |   | 1 |   | 9 |
|   |   |   |   | 6 |   |   |   |   |
| 7 |   | 8 |   |   | 9 |   | 6 | 4 |
|   |   |   |   | 9 |   |   | 7 | 6 |
|   |   |   | 6 |   | 4 |   | 9 |   |
| 9 |   |   |   | 8 |   | 5 |   | 3 |

# Puzzle 34

|   |   |   |   |   | 7 | 4 | 6 | 9 |   |
|---|---|---|---|---|---|---|---|---|---|
|   | 6 |   |   |   | 2 |   | 3 |   |   |
|   |   |   | 3 | 9 | 6 |   |   | 5 | 2 |
| 4 | 2 |   |   |   |   |   |   |   |   |
|   |   | 1 |   |   |   |   | 4 |   |   |
|   |   |   |   |   |   |   |   | 3 | 6 |
| 6 | 3 |   | 4 | 5 | 7 |   |   |   |   |
|   |   | 4 |   | 1 |   |   |   | 7 |   |
|   | 7 | 5 | 8 | 3 |   |   |   |   |   |

# Puzzle 35

|   |   | 7 |   |   |   |   | 8 |   |   |
|---|---|---|---|---|---|---|---|---|---|
|   | 8 |   | 4 | 9 |   |   |   | 5 |
|   | 1 |   | 8 | 6 |   |   |   |   |
|   |   |   | 9 |   |   | 3 |   | 1 |
| 9 | 7 |   | 3 | 1 | 6 |   | 8 | 2 |
| 3 |   | 1 |   |   | 4 |   |   |   |
|   |   |   |   | 4 | 1 |   | 2 |   |
| 8 |   |   |   | 5 | 9 |   | 1 |   |
|   |   | 6 |   |   |   | 4 |   |   |

# Puzzle 36

|   | 1 |   |   |   | 4 |   |   |   |
|---|---|---|---|---|---|---|---|---|
| 6 | 9 | 5 | 3 | 2 | 1 |   |   |   |
|   |   | 2 |   |   |   |   |   | 9 |
|   |   |   |   | 8 |   |   | 9 | 6 |
| 5 | 8 |   |   |   |   |   | 1 | 4 |
| 9 | 6 |   |   | 1 |   |   |   |   |
| 7 |   |   |   |   |   | 2 |   |   |
|   |   |   | 1 | 7 | 6 | 8 | 5 | 3 |
|   |   |   | 8 |   |   |   | 4 |   |

# Puzzle 37

|   | 8 |   | 7 |   | 2 | 6 |   |   |
|---|---|---|---|---|---|---|---|---|
|   |   |   |   |   |   |   | 5 | 2 |
|   | 6 |   |   | 5 |   |   |   | 8 |
| 8 |   |   | 6 |   |   | 5 | 2 |   |
| 1 |   | 6 |   | 7 |   | 4 |   | 3 |
|   | 3 | 5 |   |   | 8 |   |   | 6 |
| 2 |   |   |   | 8 |   |   | 1 |   |
| 4 | 1 |   |   |   |   |   |   |   |
|   |   | 8 | 1 |   | 4 |   | 9 |   |

# Puzzle 38

| | | | | | | | | |
|---|---|---|---|---|---|---|---|---|
| | | | | 6 | 4 | 9 | | |
| 8 | 9 | | | 5 | 7 | | | |
| 6 | | | 2 | | | | | |
| 4 | | | 6 | | 2 | | 1 | |
| | | 5 | 8 | | 1 | 3 | | |
| | 1 | | 5 | | 3 | | | 7 |
| | | | | | 8 | | | 9 |
| | | | 7 | 3 | | | 5 | 8 |
| | | 1 | 9 | 2 | | | | |

# Puzzle 39

|   |   | 5 |   |   | 4 |   | 1 |   |
|---|---|---|---|---|---|---|---|---|
|   |   | 2 | 1 | 8 |   |   |   |   |
| 8 |   |   | 7 |   | 5 |   |   | 2 |
| 3 |   |   |   |   |   |   | 6 |   |
| 5 | 1 |   | 6 | 4 | 8 |   | 3 | 7 |
|   | 8 |   |   |   |   |   |   | 4 |
| 6 |   |   | 8 |   | 7 |   |   | 1 |
|   |   |   |   | 9 | 6 | 5 |   |   |
|   | 7 |   | 5 |   |   | 4 |   |   |

# Puzzle 40

|   |   | 2 |   |   |   |   | 6 |   |
|---|---|---|---|---|---|---|---|---|
| 4 |   |   |   | 1 |   |   |   | 2 |
| 1 | 8 |   |   | 2 | 4 |   | 3 |   |
|   |   | 5 |   | 4 | 3 |   |   |   |
|   |   | 3 | 7 |   | 9 | 1 |   |   |
|   |   |   | 1 | 6 |   | 5 |   |   |
|   | 3 |   | 5 | 8 |   |   | 2 | 7 |
| 5 |   |   |   | 3 |   |   |   | 8 |
|   | 7 |   |   |   |   | 3 |   |   |

# Puzzle 41

|   | 2 |   | 6 |   | 5 | 7 | 1 |   |
|---|---|---|---|---|---|---|---|---|
|   |   | 7 | 3 |   |   | 5 | 4 |   |
|   |   | 1 |   |   | 7 |   |   |   |
|   | 8 |   |   |   |   | 4 |   | 3 |
| 7 |   |   |   | 4 |   |   |   | 8 |
| 2 |   | 3 |   |   |   | 1 |   |   |
|   |   |   | 1 |   |   | 3 |   |   |
|   | 8 | 6 |   |   | 2 | 9 |   |   |
|   | 3 | 5 | 7 |   | 4 |   | 8 |   |

# Puzzle 42

|   |   |   | 5 |   |   | 4 |   |   |
|---|---|---|---|---|---|---|---|---|
|   | 4 |   | 8 | 2 | 6 |   |   | 9 |
|   |   |   |   | 7 |   | 6 | 5 |   |
| 1 |   |   |   |   |   |   | 2 | 3 |
|   | 7 | 3 |   |   |   | 8 | 6 |   |
| 8 | 5 |   |   |   |   |   |   | 1 |
|   | 8 | 5 |   | 4 |   |   |   |   |
| 7 |   |   | 6 | 1 | 8 |   | 4 |   |
|   |   | 9 |   |   | 2 |   |   |   |

# Puzzle 43

|   |   | 1 |   |   |   | 7 | 2 |   |
|---|---|---|---|---|---|---|---|---|
|   | 6 | 7 |   |   |   |   |   | 3 |
|   | 2 | 5 |   | 6 |   |   | 8 |   |
| 6 | 9 |   | 1 |   | 4 |   | 7 |   |
|   |   |   |   |   |   |   |   |   |
|   | 5 |   | 9 |   | 7 |   | 4 | 2 |
|   | 8 |   |   | 5 |   | 2 | 1 |   |
| 5 |   |   |   |   |   | 4 | 6 |   |
|   | 4 | 9 |   |   |   | 3 |   |   |

# Puzzle 44

|   |   |   |   |   |   |   |   |   |
|---|---|---|---|---|---|---|---|---|
| 8 |   |   | 6 |   | 4 |   |   |   |
| 7 | 4 | 6 |   |   |   |   |   | 3 |
|   | 5 | 2 | 8 |   |   |   |   |   |
| 9 |   | 7 | 5 |   |   |   |   |   |
|   |   | 5 | 9 |   | 7 | 1 |   |   |
|   |   |   |   |   | 3 | 9 |   | 5 |
|   |   |   |   |   | 2 | 7 | 8 |   |
| 2 |   |   |   |   |   | 3 | 5 | 4 |
|   |   |   | 1 |   | 8 |   |   | 6 |

# Puzzle 45

|   |   |   | 9 | 3 |   |   |   | 2 |
|---|---|---|---|---|---|---|---|---|
| 2 | 8 |   |   |   |   |   | 3 |   |
| 9 | 6 |   | 2 |   |   | 8 | 5 |   |
| 4 | 1 | 5 |   |   |   |   |   | 9 |
|   |   |   |   |   |   |   |   |   |
| 7 |   |   |   |   |   | 6 | 2 | 5 |
|   | 9 | 6 |   |   | 2 |   | 8 | 4 |
|   | 7 |   |   |   |   |   | 9 | 3 |
| 8 |   |   |   | 9 | 7 |   |   |   |

# Puzzle 46

|   |   |   |   |   |   |   | 9 | 4 |
|---|---|---|---|---|---|---|---|---|
| 8 | 9 |   |   | 1 |   |   | 5 |   |
| 5 |   | 4 |   | 9 |   | 1 |   |   |
|   | 8 |   |   |   | 1 |   | 4 | 3 |
|   |   |   | 3 | 6 | 7 |   |   |   |
| 6 | 3 |   | 5 |   |   |   | 2 |   |
|   |   | 9 |   | 5 |   | 2 |   | 7 |
|   | 5 |   |   | 3 |   |   | 6 | 1 |
| 1 | 7 |   |   |   |   |   |   |   |

# Puzzle 47

|   |   |   |   |   |   |   |   |   |
|---|---|---|---|---|---|---|---|---|
| 2 |   |   | 8 | 5 |   |   | 6 | 4 |
|   |   |   |   | 7 |   |   |   | 3 |
| 5 | 9 |   |   |   |   | 7 |   | 1 |
|   |   | 1 |   | 9 |   |   |   |   |
|   |   | 9 | 5 |   | 6 | 1 |   |   |
|   |   |   |   | 2 |   | 4 |   |   |
| 9 |   | 2 |   |   |   |   | 7 | 6 |
| 8 |   |   |   | 6 |   |   |   |   |
| 7 | 3 |   |   | 1 | 9 |   |   | 8 |

# Puzzle 48

|   |   |   | 6 |   |   |   | 1 |   |
|---|---|---|---|---|---|---|---|---|
| 2 |   |   |   | 1 |   | 9 |   |   |
|   |   | 3 | 9 |   |   |   |   | 5 |
| 8 | 6 |   |   |   | 2 |   | 7 | 9 |
|   |   | 4 | 7 |   | 5 | 1 |   |   |
| 7 | 5 |   | 8 |   |   |   | 3 | 6 |
| 1 |   |   |   |   | 6 | 2 |   |   |
|   |   | 7 |   | 3 |   |   |   | 4 |
|   | 3 |   |   |   | 8 |   |   |   |

# Puzzle 49

| 4 | 2 |   |   | 1 |   |   | 5 |   |
|---|---|---|---|---|---|---|---|---|
|   |   | 3 |   |   | 5 | 2 | 1 |   |
|   |   |   |   |   | 2 |   | 4 |   |
| 7 |   |   | 1 |   | 9 | 8 |   |   |
| 8 |   |   |   |   |   |   |   | 5 |
|   |   | 5 | 8 |   | 7 |   |   | 6 |
|   | 7 |   | 6 |   |   |   |   |   |
|   | 9 | 4 | 7 |   |   | 5 |   |   |
|   | 8 |   |   | 2 |   |   | 9 | 3 |

# Puzzle 50

|   |   |   | 4 |   | 2 | 5 |   |   |
|---|---|---|---|---|---|---|---|---|
|   | 1 |   |   | 9 |   | 8 |   |   |
| 4 |   |   |   | 7 | 5 | 1 | 3 |   |
|   |   |   |   | 3 |   |   | 7 | 8 |
| 6 |   |   |   |   |   |   |   | 5 |
| 7 | 5 |   |   | 2 |   |   |   |   |
|   | 6 | 7 | 2 | 4 |   |   |   | 3 |
|   |   | 9 |   | 6 |   |   | 5 |   |
|   |   | 2 | 1 |   | 9 |   |   |   |

**Puzzle 1 (Medium, difficulty rating 0.50)**

| 9 | 4 | 2 | 3 | 5 | 7 | 8 | 6 | 1 |
| 7 | 1 | 6 | 4 | 8 | 9 | 2 | 3 | 5 |
| 3 | 8 | 5 | 1 | 6 | 2 | 7 | 9 | 4 |
| 6 | 5 | 7 | 8 | 9 | 4 | 3 | 1 | 2 |
| 1 | 9 | 3 | 7 | 2 | 6 | 4 | 5 | 8 |
| 8 | 2 | 4 | 5 | 1 | 3 | 6 | 7 | 9 |
| 2 | 7 | 1 | 6 | 4 | 5 | 9 | 8 | 3 |
| 5 | 3 | 9 | 2 | 7 | 8 | 1 | 4 | 6 |
| 4 | 6 | 8 | 9 | 3 | 1 | 5 | 2 | 7 |

**Puzzle 2 (Medium, difficulty rating 0.45)**

| 9 | 8 | 7 | 2 | 5 | 6 | 3 | 1 | 4 |
| 3 | 1 | 6 | 4 | 9 | 7 | 2 | 8 | 5 |
| 4 | 2 | 5 | 3 | 8 | 1 | 6 | 7 | 9 |
| 8 | 6 | 3 | 7 | 1 | 5 | 4 | 9 | 2 |
| 1 | 4 | 2 | 9 | 6 | 3 | 8 | 5 | 7 |
| 7 | 5 | 9 | 8 | 2 | 4 | 1 | 3 | 6 |
| 6 | 9 | 8 | 1 | 7 | 2 | 5 | 4 | 3 |
| 2 | 7 | 4 | 5 | 3 | 8 | 9 | 6 | 1 |
| 5 | 3 | 1 | 6 | 4 | 9 | 7 | 2 | 8 |

**Puzzle 3 (Medium, difficulty rating 0.53)**

| 5 | 1 | 9 | 2 | 4 | 6 | 7 | 3 | 8 |
| 6 | 7 | 4 | 3 | 5 | 8 | 9 | 2 | 1 |
| 2 | 3 | 8 | 9 | 7 | 1 | 5 | 4 | 6 |
| 8 | 9 | 1 | 4 | 3 | 5 | 2 | 6 | 7 |
| 3 | 2 | 6 | 1 | 9 | 7 | 4 | 8 | 5 |
| 4 | 5 | 7 | 8 | 6 | 2 | 3 | 1 | 9 |
| 1 | 8 | 3 | 7 | 2 | 9 | 6 | 5 | 4 |
| 9 | 4 | 5 | 6 | 1 | 3 | 8 | 7 | 2 |
| 7 | 6 | 2 | 5 | 8 | 4 | 1 | 9 | 3 |

**Puzzle 4 (Medium, difficulty rating 0.53)**

| 1 | 3 | 9 | 7 | 4 | 2 | 5 | 6 | 8 |
| 4 | 8 | 2 | 6 | 5 | 1 | 7 | 3 | 9 |
| 5 | 6 | 7 | 9 | 3 | 8 | 1 | 4 | 2 |
| 7 | 9 | 1 | 4 | 8 | 3 | 2 | 5 | 6 |
| 8 | 5 | 4 | 2 | 9 | 6 | 3 | 7 | 1 |
| 6 | 2 | 3 | 1 | 7 | 5 | 9 | 8 | 4 |
| 3 | 4 | 8 | 5 | 2 | 9 | 6 | 1 | 7 |
| 2 | 1 | 5 | 8 | 6 | 7 | 4 | 9 | 3 |
| 9 | 7 | 6 | 3 | 1 | 4 | 8 | 2 | 5 |

**Puzzle 5 (Medium, difficulty rating 0.48)**

| 3 | 7 | 6 | 8 | 1 | 5 | 2 | 9 | 4 |
| 1 | 9 | 5 | 2 | 3 | 4 | 7 | 8 | 6 |
| 4 | 8 | 2 | 6 | 9 | 7 | 1 | 5 | 3 |
| 2 | 5 | 9 | 7 | 6 | 1 | 3 | 4 | 8 |
| 6 | 4 | 1 | 3 | 8 | 2 | 5 | 7 | 9 |
| 7 | 3 | 8 | 5 | 4 | 9 | 6 | 1 | 2 |
| 8 | 1 | 3 | 4 | 5 | 6 | 9 | 2 | 7 |
| 9 | 2 | 4 | 1 | 7 | 3 | 8 | 6 | 5 |
| 5 | 6 | 7 | 9 | 2 | 8 | 4 | 3 | 1 |

**Puzzle 6 (Medium, difficulty rating 0.50)**

| 6 | 4 | 7 | 1 | 2 | 8 | 9 | 5 | 3 |
| 2 | 5 | 3 | 4 | 7 | 9 | 6 | 8 | 1 |
| 8 | 9 | 1 | 5 | 3 | 6 | 7 | 2 | 4 |
| 7 | 1 | 5 | 2 | 8 | 3 | 4 | 9 | 6 |
| 4 | 2 | 9 | 7 | 6 | 1 | 5 | 3 | 8 |
| 3 | 8 | 6 | 9 | 4 | 5 | 2 | 1 | 7 |
| 5 | 3 | 8 | 6 | 9 | 7 | 1 | 4 | 2 |
| 1 | 7 | 2 | 3 | 5 | 4 | 8 | 6 | 9 |
| 9 | 6 | 4 | 8 | 1 | 2 | 3 | 7 | 5 |

**Puzzle 7 (Medium, difficulty rating 0.55)**

| 2 | 9 | 4 | 5 | 1 | 7 | 8 | 3 | 6 |
| 1 | 5 | 6 | 4 | 3 | 8 | 2 | 7 | 9 |
| 8 | 7 | 3 | 9 | 2 | 6 | 4 | 5 | 1 |
| 3 | 4 | 1 | 8 | 5 | 2 | 9 | 6 | 7 |
| 9 | 2 | 5 | 6 | 7 | 4 | 1 | 8 | 3 |
| 6 | 8 | 7 | 1 | 9 | 3 | 5 | 2 | 4 |
| 7 | 1 | 9 | 2 | 6 | 5 | 3 | 4 | 8 |
| 4 | 6 | 2 | 3 | 8 | 1 | 7 | 9 | 5 |
| 5 | 3 | 8 | 7 | 4 | 9 | 6 | 1 | 2 |

**Puzzle 8 (Medium, difficulty rating 0.47)**

| 3 | 1 | 6 | 8 | 2 | 9 | 4 | 5 | 7 |
| 9 | 4 | 2 | 3 | 5 | 7 | 8 | 6 | 1 |
| 7 | 5 | 8 | 1 | 6 | 4 | 3 | 2 | 9 |
| 2 | 3 | 1 | 7 | 8 | 6 | 9 | 4 | 5 |
| 5 | 9 | 4 | 2 | 3 | 1 | 7 | 8 | 6 |
| 8 | 6 | 7 | 4 | 9 | 5 | 1 | 3 | 2 |
| 6 | 7 | 9 | 5 | 4 | 3 | 2 | 1 | 8 |
| 4 | 8 | 5 | 9 | 1 | 2 | 6 | 7 | 3 |
| 1 | 2 | 3 | 6 | 7 | 8 | 5 | 9 | 4 |

**Puzzle 9 (Medium, difficulty rating 0.52)**

| 7 | 9 | 2 | 3 | 6 | 5 | 4 | 8 | 1 |
| 8 | 4 | 1 | 2 | 9 | 7 | 6 | 3 | 5 |
| 6 | 3 | 5 | 1 | 4 | 8 | 2 | 7 | 9 |
| 4 | 1 | 8 | 6 | 7 | 2 | 9 | 5 | 3 |
| 2 | 5 | 7 | 9 | 3 | 1 | 8 | 4 | 6 |
| 9 | 6 | 3 | 8 | 5 | 4 | 7 | 1 | 2 |
| 3 | 7 | 4 | 5 | 2 | 9 | 1 | 6 | 8 |
| 1 | 2 | 6 | 4 | 8 | 3 | 5 | 9 | 7 |
| 5 | 8 | 9 | 7 | 1 | 6 | 3 | 2 | 4 |

**Puzzle 10 (Medium, difficulty rating 0.45)**

| 5 | 6 | 7 | 3 | 4 | 2 | 8 | 1 | 9 |
| 3 | 8 | 9 | 1 | 6 | 7 | 5 | 4 | 2 |
| 1 | 2 | 4 | 8 | 5 | 9 | 3 | 6 | 7 |
| 8 | 3 | 6 | 9 | 7 | 1 | 4 | 2 | 5 |
| 4 | 7 | 2 | 5 | 3 | 6 | 1 | 9 | 8 |
| 9 | 5 | 1 | 2 | 8 | 4 | 6 | 7 | 3 |
| 2 | 4 | 3 | 6 | 9 | 8 | 7 | 5 | 1 |
| 7 | 9 | 8 | 4 | 1 | 5 | 2 | 3 | 6 |
| 6 | 1 | 5 | 7 | 2 | 3 | 9 | 8 | 4 |

**Puzzle 11 (Medium, difficulty rating 0.47)**

| 5 | 7 | 4 | 8 | 2 | 9 | 1 | 3 | 6 |
| 6 | 2 | 8 | 1 | 3 | 5 | 7 | 4 | 9 |
| 1 | 3 | 9 | 4 | 6 | 7 | 2 | 5 | 8 |
| 3 | 1 | 5 | 6 | 7 | 4 | 8 | 9 | 2 |
| 8 | 9 | 2 | 5 | 1 | 3 | 6 | 7 | 4 |
| 7 | 4 | 6 | 2 | 9 | 8 | 3 | 1 | 5 |
| 4 | 8 | 3 | 7 | 5 | 6 | 9 | 2 | 1 |
| 9 | 6 | 1 | 3 | 4 | 2 | 5 | 8 | 7 |
| 2 | 5 | 7 | 9 | 8 | 1 | 4 | 6 | 3 |

**Puzzle 12 (Medium, difficulty rating 0.48)**

| 1 | 7 | 2 | 8 | 5 | 9 | 3 | 4 | 6 |
| 8 | 6 | 3 | 4 | 2 | 7 | 5 | 9 | 1 |
| 9 | 4 | 5 | 1 | 3 | 6 | 8 | 7 | 2 |
| 4 | 3 | 9 | 5 | 6 | 2 | 1 | 8 | 7 |
| 5 | 1 | 8 | 7 | 4 | 3 | 2 | 6 | 9 |
| 6 | 2 | 7 | 9 | 1 | 8 | 4 | 5 | 3 |
| 2 | 5 | 6 | 3 | 7 | 4 | 9 | 1 | 8 |
| 3 | 9 | 4 | 6 | 8 | 1 | 7 | 2 | 5 |
| 7 | 8 | 1 | 2 | 9 | 5 | 6 | 3 | 4 |

**Puzzle 13 (Medium, difficulty rating 0.59)**

| 3 | 8 | 2 | 4 | 7 | 6 | 9 | 5 | 1 |
|---|---|---|---|---|---|---|---|---|
| 6 | 4 | 1 | 2 | 5 | 9 | 3 | 8 | 7 |
| 7 | 5 | 9 | 1 | 3 | 8 | 2 | 4 | 6 |
| 1 | 6 | 8 | 7 | 9 | 4 | 5 | 3 | 2 |
| 4 | 3 | 7 | 5 | 1 | 2 | 8 | 6 | 9 |
| 2 | 9 | 5 | 8 | 6 | 3 | 7 | 1 | 4 |
| 8 | 7 | 3 | 6 | 2 | 1 | 4 | 9 | 5 |
| 9 | 2 | 6 | 3 | 4 | 5 | 1 | 7 | 8 |
| 5 | 1 | 4 | 9 | 8 | 7 | 6 | 2 | 3 |

**Puzzle 14 (Medium, difficulty rating 0.47)**

| 9 | 5 | 8 | 3 | 7 | 4 | 2 | 1 | 6 |
|---|---|---|---|---|---|---|---|---|
| 3 | 1 | 7 | 9 | 6 | 2 | 5 | 8 | 4 |
| 4 | 2 | 6 | 1 | 8 | 5 | 9 | 7 | 3 |
| 5 | 3 | 4 | 6 | 2 | 1 | 7 | 9 | 8 |
| 6 | 8 | 1 | 4 | 9 | 7 | 3 | 5 | 2 |
| 7 | 9 | 2 | 8 | 5 | 3 | 4 | 6 | 1 |
| 1 | 4 | 9 | 7 | 3 | 6 | 8 | 2 | 5 |
| 8 | 6 | 5 | 2 | 4 | 9 | 1 | 3 | 7 |
| 2 | 7 | 3 | 5 | 1 | 8 | 6 | 4 | 9 |

**Puzzle 15 (Medium, difficulty rating 0.48)**

| 1 | 9 | 5 | 4 | 6 | 7 | 2 | 3 | 8 |
|---|---|---|---|---|---|---|---|---|
| 4 | 2 | 8 | 3 | 5 | 1 | 7 | 9 | 6 |
| 6 | 3 | 7 | 9 | 2 | 8 | 1 | 4 | 5 |
| 7 | 1 | 6 | 8 | 9 | 4 | 5 | 2 | 3 |
| 9 | 4 | 3 | 5 | 1 | 2 | 6 | 8 | 7 |
| 8 | 5 | 2 | 7 | 3 | 6 | 9 | 1 | 4 |
| 2 | 7 | 4 | 1 | 8 | 5 | 3 | 6 | 9 |
| 5 | 6 | 9 | 2 | 4 | 3 | 8 | 7 | 1 |
| 3 | 8 | 1 | 6 | 7 | 9 | 4 | 5 | 2 |

**Puzzle 16 (Medium, difficulty rating 0.45)**

| 3 | 8 | 5 | 7 | 2 | 1 | 9 | 6 | 4 |
|---|---|---|---|---|---|---|---|---|
| 9 | 7 | 6 | 4 | 3 | 8 | 1 | 5 | 2 |
| 1 | 2 | 4 | 6 | 9 | 5 | 8 | 3 | 7 |
| 6 | 5 | 2 | 9 | 8 | 7 | 3 | 4 | 1 |
| 7 | 4 | 1 | 3 | 5 | 2 | 6 | 9 | 8 |
| 8 | 3 | 9 | 1 | 4 | 6 | 2 | 7 | 5 |
| 5 | 6 | 8 | 2 | 7 | 3 | 4 | 1 | 9 |
| 4 | 1 | 7 | 8 | 6 | 9 | 5 | 2 | 3 |
| 2 | 9 | 3 | 5 | 1 | 4 | 7 | 8 | 6 |

**Puzzle 17 (Medium, difficulty rating 0.59)**

| 3 | 5 | 6 | 1 | 8 | 7 | 9 | 2 | 4 |
|---|---|---|---|---|---|---|---|---|
| 7 | 9 | 4 | 2 | 5 | 3 | 1 | 6 | 8 |
| 8 | 1 | 2 | 9 | 4 | 6 | 7 | 3 | 5 |
| 6 | 8 | 5 | 4 | 1 | 2 | 3 | 7 | 9 |
| 9 | 2 | 7 | 5 | 3 | 8 | 6 | 4 | 1 |
| 1 | 4 | 3 | 7 | 6 | 9 | 8 | 5 | 2 |
| 5 | 7 | 8 | 6 | 2 | 1 | 4 | 9 | 3 |
| 4 | 3 | 9 | 8 | 7 | 5 | 2 | 1 | 6 |
| 2 | 6 | 1 | 3 | 9 | 4 | 5 | 8 | 7 |

**Puzzle 18 (Medium, difficulty rating 0.59)**

| 8 | 5 | 3 | 1 | 9 | 7 | 6 | 2 | 4 |
|---|---|---|---|---|---|---|---|---|
| 4 | 7 | 1 | 6 | 2 | 5 | 9 | 3 | 8 |
| 2 | 9 | 6 | 4 | 8 | 3 | 5 | 7 | 1 |
| 5 | 8 | 4 | 9 | 3 | 6 | 7 | 1 | 2 |
| 1 | 2 | 7 | 8 | 5 | 4 | 3 | 9 | 6 |
| 6 | 3 | 9 | 7 | 1 | 2 | 4 | 8 | 5 |
| 3 | 4 | 5 | 2 | 7 | 8 | 1 | 6 | 9 |
| 9 | 6 | 2 | 3 | 4 | 1 | 8 | 5 | 7 |
| 7 | 1 | 8 | 5 | 6 | 9 | 2 | 4 | 3 |

**Puzzle 19 (Medium, difficulty rating 0.53)**

| 6 | 5 | 1 | 7 | 8 | 3 | 9 | 4 | 2 |
|---|---|---|---|---|---|---|---|---|
| 7 | 9 | 3 | 6 | 2 | 4 | 1 | 8 | 5 |
| 4 | 2 | 8 | 5 | 9 | 1 | 3 | 6 | 7 |
| 5 | 1 | 4 | 8 | 6 | 9 | 7 | 2 | 3 |
| 9 | 8 | 2 | 3 | 7 | 5 | 4 | 1 | 6 |
| 3 | 6 | 7 | 1 | 4 | 2 | 8 | 5 | 9 |
| 2 | 4 | 6 | 9 | 3 | 8 | 5 | 7 | 1 |
| 1 | 7 | 9 | 4 | 5 | 6 | 2 | 3 | 8 |
| 8 | 3 | 5 | 2 | 1 | 7 | 6 | 9 | 4 |

**Puzzle 20 (Medium, difficulty rating 0.55)**

| 4 | 8 | 1 | 5 | 3 | 9 | 7 | 6 | 2 |
|---|---|---|---|---|---|---|---|---|
| 3 | 2 | 9 | 6 | 8 | 7 | 5 | 4 | 1 |
| 7 | 5 | 6 | 1 | 2 | 4 | 9 | 8 | 3 |
| 1 | 3 | 8 | 7 | 9 | 5 | 4 | 2 | 6 |
| 2 | 7 | 5 | 4 | 6 | 8 | 3 | 1 | 9 |
| 9 | 6 | 4 | 3 | 1 | 2 | 8 | 5 | 7 |
| 6 | 1 | 7 | 8 | 4 | 3 | 2 | 9 | 5 |
| 5 | 4 | 2 | 9 | 7 | 6 | 1 | 3 | 8 |
| 8 | 9 | 3 | 2 | 5 | 1 | 6 | 7 | 4 |

**Puzzle 21 (Medium, difficulty rating 0.46)**

| 9 | 3 | 8 | 6 | 5 | 2 | 4 | 7 | 1 |
|---|---|---|---|---|---|---|---|---|
| 5 | 7 | 2 | 4 | 1 | 3 | 9 | 8 | 6 |
| 6 | 1 | 4 | 8 | 9 | 7 | 5 | 2 | 3 |
| 1 | 8 | 3 | 5 | 4 | 9 | 7 | 6 | 2 |
| 7 | 4 | 5 | 1 | 2 | 6 | 8 | 3 | 9 |
| 2 | 6 | 9 | 7 | 3 | 8 | 1 | 4 | 5 |
| 3 | 5 | 7 | 9 | 6 | 4 | 2 | 1 | 8 |
| 4 | 2 | 1 | 3 | 8 | 5 | 6 | 9 | 7 |
| 8 | 9 | 6 | 2 | 7 | 1 | 3 | 5 | 4 |

**Puzzle 22 (Medium, difficulty rating 0.50)**

| 5 | 4 | 7 | 6 | 1 | 8 | 3 | 2 | 9 |
|---|---|---|---|---|---|---|---|---|
| 8 | 2 | 9 | 7 | 3 | 4 | 5 | 6 | 1 |
| 3 | 6 | 1 | 5 | 9 | 2 | 7 | 8 | 4 |
| 9 | 3 | 8 | 2 | 4 | 5 | 1 | 7 | 6 |
| 6 | 7 | 2 | 1 | 8 | 9 | 4 | 5 | 3 |
| 4 | 1 | 5 | 3 | 6 | 7 | 8 | 9 | 2 |
| 2 | 8 | 3 | 9 | 5 | 1 | 6 | 4 | 7 |
| 7 | 5 | 6 | 4 | 2 | 3 | 9 | 1 | 8 |
| 1 | 9 | 4 | 8 | 7 | 6 | 2 | 3 | 5 |

**Puzzle 23 (Medium, difficulty rating 0.48)**

| 7 | 8 | 6 | 3 | 2 | 5 | 1 | 9 | 4 |
|---|---|---|---|---|---|---|---|---|
| 2 | 1 | 3 | 9 | 8 | 4 | 7 | 5 | 6 |
| 5 | 4 | 9 | 6 | 1 | 7 | 3 | 8 | 2 |
| 9 | 6 | 5 | 7 | 4 | 8 | 2 | 1 | 3 |
| 4 | 7 | 8 | 1 | 3 | 2 | 9 | 6 | 5 |
| 3 | 2 | 1 | 5 | 6 | 9 | 4 | 7 | 8 |
| 8 | 3 | 7 | 4 | 9 | 6 | 5 | 2 | 1 |
| 1 | 5 | 2 | 8 | 7 | 3 | 6 | 4 | 9 |
| 6 | 9 | 4 | 2 | 5 | 1 | 8 | 3 | 7 |

**Puzzle 24 (Medium, difficulty rating 0.56)**

| 8 | 7 | 2 | 9 | 4 | 1 | 5 | 6 | 3 |
|---|---|---|---|---|---|---|---|---|
| 6 | 5 | 1 | 3 | 7 | 8 | 9 | 4 | 2 |
| 3 | 9 | 4 | 2 | 5 | 6 | 7 | 8 | 1 |
| 2 | 3 | 5 | 1 | 8 | 7 | 4 | 9 | 6 |
| 9 | 6 | 8 | 4 | 3 | 5 | 1 | 2 | 7 |
| 4 | 1 | 7 | 6 | 2 | 9 | 8 | 3 | 5 |
| 5 | 8 | 9 | 7 | 6 | 3 | 2 | 1 | 4 |
| 7 | 4 | 3 | 8 | 1 | 2 | 6 | 5 | 9 |
| 1 | 2 | 6 | 5 | 9 | 4 | 3 | 7 | 8 |

## Puzzle 25 (Medium, difficulty rating 0.52)

| 1 | 4 | 5 | 3 | 6 | 8 | 7 | 2 | 9 |
|---|---|---|---|---|---|---|---|---|
| 6 | 2 | 7 | 1 | 9 | 4 | 5 | 3 | 8 |
| 9 | 8 | 3 | 5 | 7 | 2 | 6 | 1 | 4 |
| 3 | 6 | 9 | 8 | 4 | 5 | 2 | 7 | 1 |
| 4 | 5 | 2 | 9 | 1 | 7 | 8 | 6 | 3 |
| 7 | 1 | 8 | 6 | 2 | 3 | 9 | 4 | 5 |
| 5 | 9 | 1 | 7 | 3 | 6 | 4 | 8 | 2 |
| 2 | 3 | 6 | 4 | 8 | 9 | 1 | 5 | 7 |
| 8 | 7 | 4 | 2 | 5 | 1 | 3 | 9 | 6 |

## Puzzle 26 (Medium, difficulty rating 0.53)

| 7 | 1 | 8 | 2 | 5 | 4 | 9 | 3 | 6 |
|---|---|---|---|---|---|---|---|---|
| 4 | 9 | 2 | 6 | 3 | 7 | 8 | 1 | 5 |
| 3 | 6 | 5 | 8 | 1 | 9 | 2 | 7 | 4 |
| 5 | 3 | 6 | 4 | 8 | 2 | 7 | 9 | 1 |
| 1 | 4 | 7 | 5 | 9 | 3 | 6 | 2 | 8 |
| 8 | 2 | 9 | 1 | 7 | 6 | 4 | 5 | 3 |
| 6 | 5 | 4 | 9 | 2 | 1 | 3 | 8 | 7 |
| 9 | 8 | 3 | 7 | 4 | 5 | 1 | 6 | 2 |
| 2 | 7 | 1 | 3 | 6 | 8 | 5 | 4 | 9 |

## Puzzle 27 (Medium, difficulty rating 0.49)

| 4 | 8 | 6 | 5 | 2 | 9 | 7 | 3 | 1 |
|---|---|---|---|---|---|---|---|---|
| 5 | 9 | 1 | 3 | 7 | 6 | 4 | 8 | 2 |
| 7 | 3 | 2 | 4 | 8 | 1 | 6 | 9 | 5 |
| 9 | 6 | 4 | 2 | 1 | 7 | 3 | 5 | 8 |
| 3 | 5 | 7 | 9 | 4 | 8 | 1 | 2 | 6 |
| 1 | 2 | 8 | 6 | 5 | 3 | 9 | 7 | 4 |
| 2 | 1 | 3 | 8 | 9 | 4 | 5 | 6 | 7 |
| 8 | 4 | 9 | 7 | 6 | 5 | 2 | 1 | 3 |
| 6 | 7 | 5 | 1 | 3 | 2 | 8 | 4 | 9 |

## Puzzle 28 (Medium, difficulty rating 0.59)

| 5 | 3 | 9 | 1 | 8 | 7 | 4 | 2 | 6 |
|---|---|---|---|---|---|---|---|---|
| 2 | 6 | 7 | 9 | 3 | 4 | 5 | 1 | 8 |
| 4 | 1 | 8 | 2 | 6 | 5 | 9 | 7 | 3 |
| 6 | 2 | 4 | 3 | 7 | 8 | 1 | 5 | 9 |
| 7 | 9 | 5 | 6 | 4 | 1 | 3 | 8 | 2 |
| 3 | 8 | 1 | 5 | 9 | 2 | 7 | 6 | 4 |
| 1 | 5 | 3 | 8 | 2 | 9 | 6 | 4 | 7 |
| 9 | 7 | 2 | 4 | 5 | 6 | 8 | 3 | 1 |
| 8 | 4 | 6 | 7 | 1 | 3 | 2 | 9 | 5 |

## Puzzle 29 (Medium, difficulty rating 0.60)

| 8 | 3 | 6 | 1 | 2 | 9 | 7 | 5 | 4 |
|---|---|---|---|---|---|---|---|---|
| 7 | 1 | 9 | 8 | 4 | 5 | 3 | 6 | 2 |
| 4 | 5 | 2 | 6 | 3 | 7 | 1 | 9 | 8 |
| 6 | 8 | 1 | 2 | 7 | 3 | 9 | 4 | 5 |
| 5 | 2 | 7 | 4 | 9 | 8 | 6 | 3 | 1 |
| 9 | 4 | 3 | 5 | 6 | 1 | 8 | 2 | 7 |
| 2 | 7 | 8 | 9 | 5 | 6 | 4 | 1 | 3 |
| 3 | 9 | 4 | 7 | 1 | 2 | 5 | 8 | 6 |
| 1 | 6 | 5 | 3 | 8 | 4 | 2 | 7 | 9 |

## Puzzle 30 (Medium, difficulty rating 0.51)

| 2 | 9 | 7 | 8 | 5 | 1 | 6 | 4 | 3 |
|---|---|---|---|---|---|---|---|---|
| 8 | 5 | 4 | 3 | 6 | 7 | 9 | 1 | 2 |
| 6 | 1 | 3 | 9 | 4 | 2 | 7 | 8 | 5 |
| 5 | 7 | 1 | 6 | 2 | 9 | 8 | 3 | 4 |
| 4 | 8 | 2 | 1 | 7 | 3 | 5 | 9 | 6 |
| 3 | 6 | 9 | 5 | 8 | 4 | 2 | 7 | 1 |
| 1 | 2 | 5 | 4 | 9 | 8 | 3 | 6 | 7 |
| 7 | 3 | 8 | 2 | 1 | 6 | 4 | 5 | 9 |
| 9 | 4 | 6 | 7 | 3 | 5 | 1 | 2 | 8 |

## Puzzle 31 (Medium, difficulty rating 0.57)

| 8 | 3 | 9 | 6 | 2 | 1 | 5 | 7 | 4 |
|---|---|---|---|---|---|---|---|---|
| 1 | 4 | 6 | 8 | 7 | 5 | 9 | 3 | 2 |
| 7 | 5 | 2 | 3 | 4 | 9 | 6 | 1 | 8 |
| 2 | 6 | 3 | 4 | 9 | 8 | 1 | 5 | 7 |
| 5 | 8 | 7 | 1 | 3 | 2 | 4 | 9 | 6 |
| 4 | 9 | 1 | 5 | 6 | 7 | 2 | 8 | 3 |
| 3 | 2 | 5 | 9 | 8 | 4 | 7 | 6 | 1 |
| 9 | 7 | 8 | 2 | 1 | 6 | 3 | 4 | 5 |
| 6 | 1 | 4 | 7 | 5 | 3 | 8 | 2 | 9 |

## Puzzle 32 (Medium, difficulty rating 0.51)

| 9 | 8 | 1 | 7 | 5 | 4 | 2 | 3 | 6 |
|---|---|---|---|---|---|---|---|---|
| 7 | 5 | 6 | 3 | 9 | 2 | 8 | 4 | 1 |
| 2 | 4 | 3 | 8 | 1 | 6 | 9 | 7 | 5 |
| 3 | 2 | 8 | 4 | 6 | 1 | 5 | 9 | 7 |
| 5 | 6 | 7 | 2 | 8 | 9 | 3 | 1 | 4 |
| 4 | 1 | 9 | 5 | 7 | 3 | 6 | 8 | 2 |
| 6 | 9 | 4 | 1 | 3 | 5 | 7 | 2 | 8 |
| 8 | 3 | 2 | 6 | 4 | 7 | 1 | 5 | 9 |
| 1 | 7 | 5 | 9 | 2 | 8 | 4 | 6 | 3 |

## Puzzle 33 (Medium, difficulty rating 0.59)

| 5 | 8 | 6 | 4 | 7 | 3 | 9 | 2 | 1 |
|---|---|---|---|---|---|---|---|---|
| 2 | 1 | 7 | 9 | 5 | 6 | 3 | 4 | 8 |
| 3 | 4 | 9 | 8 | 2 | 1 | 6 | 5 | 7 |
| 6 | 2 | 3 | 5 | 4 | 7 | 1 | 8 | 9 |
| 4 | 9 | 1 | 2 | 6 | 8 | 7 | 3 | 5 |
| 7 | 5 | 8 | 3 | 1 | 9 | 2 | 6 | 4 |
| 8 | 3 | 2 | 1 | 9 | 5 | 4 | 7 | 6 |
| 1 | 7 | 5 | 6 | 3 | 4 | 8 | 9 | 2 |
| 9 | 6 | 4 | 7 | 8 | 2 | 5 | 1 | 3 |

## Puzzle 34 (Medium, difficulty rating 0.56)

| 2 | 1 | 3 | 5 | 7 | 4 | 6 | 9 | 8 |
|---|---|---|---|---|---|---|---|---|
| 5 | 6 | 9 | 1 | 2 | 8 | 3 | 4 | 7 |
| 7 | 4 | 8 | 3 | 9 | 6 | 1 | 5 | 2 |
| 4 | 2 | 6 | 9 | 8 | 3 | 7 | 1 | 5 |
| 3 | 8 | 1 | 7 | 6 | 5 | 4 | 2 | 9 |
| 9 | 5 | 7 | 2 | 4 | 1 | 8 | 3 | 6 |
| 6 | 3 | 2 | 4 | 5 | 7 | 9 | 8 | 1 |
| 8 | 9 | 4 | 6 | 1 | 2 | 5 | 7 | 3 |
| 1 | 7 | 5 | 8 | 3 | 9 | 2 | 6 | 4 |

## Puzzle 35 (Medium, difficulty rating 0.60)

| 4 | 6 | 7 | 1 | 2 | 5 | 8 | 3 | 9 |
|---|---|---|---|---|---|---|---|---|
| 2 | 8 | 3 | 4 | 9 | 7 | 1 | 6 | 5 |
| 5 | 1 | 9 | 8 | 6 | 3 | 2 | 7 | 4 |
| 6 | 5 | 8 | 9 | 7 | 2 | 3 | 4 | 1 |
| 9 | 7 | 4 | 3 | 1 | 6 | 5 | 8 | 2 |
| 3 | 2 | 1 | 5 | 8 | 4 | 7 | 9 | 6 |
| 7 | 3 | 5 | 6 | 4 | 1 | 9 | 2 | 8 |
| 8 | 4 | 2 | 7 | 5 | 9 | 6 | 1 | 3 |
| 1 | 9 | 6 | 2 | 3 | 8 | 4 | 5 | 7 |

## Puzzle 36 (Medium, difficulty rating 0.54)

| 8 | 1 | 3 | 7 | 9 | 4 | 6 | 2 | 5 |
|---|---|---|---|---|---|---|---|---|
| 6 | 9 | 5 | 3 | 2 | 1 | 4 | 7 | 8 |
| 4 | 7 | 2 | 6 | 5 | 8 | 1 | 3 | 9 |
| 3 | 2 | 1 | 4 | 8 | 7 | 5 | 9 | 6 |
| 5 | 8 | 7 | 2 | 6 | 9 | 3 | 1 | 4 |
| 9 | 6 | 4 | 5 | 1 | 3 | 7 | 8 | 2 |
| 7 | 3 | 8 | 9 | 4 | 5 | 2 | 6 | 1 |
| 2 | 4 | 9 | 1 | 7 | 6 | 8 | 5 | 3 |
| 1 | 5 | 6 | 8 | 3 | 2 | 9 | 4 | 7 |

### Puzzle 37 (Medium, difficulty rating 0.51)

| 5 | 8 | 9 | 7 | 4 | 2 | 6 | 3 | 1 |
|---|---|---|---|---|---|---|---|---|
| 3 | 4 | 1 | 8 | 6 | 9 | 7 | 5 | 2 |
| 7 | 6 | 2 | 3 | 5 | 1 | 9 | 4 | 8 |
| 8 | 7 | 4 | 6 | 1 | 3 | 5 | 2 | 9 |
| 1 | 2 | 6 | 9 | 7 | 5 | 4 | 8 | 3 |
| 9 | 3 | 5 | 4 | 2 | 8 | 1 | 7 | 6 |
| 2 | 9 | 7 | 5 | 8 | 6 | 3 | 1 | 4 |
| 4 | 1 | 3 | 2 | 9 | 7 | 8 | 6 | 5 |
| 6 | 5 | 8 | 1 | 3 | 4 | 2 | 9 | 7 |

### Puzzle 38 (Medium, difficulty rating 0.53)

| 1 | 5 | 7 | 3 | 6 | 4 | 9 | 8 | 2 |
|---|---|---|---|---|---|---|---|---|
| 8 | 9 | 2 | 1 | 5 | 7 | 4 | 6 | 3 |
| 6 | 4 | 3 | 2 | 8 | 9 | 5 | 7 | 1 |
| 4 | 3 | 9 | 6 | 7 | 2 | 8 | 1 | 5 |
| 7 | 6 | 5 | 8 | 9 | 1 | 3 | 2 | 4 |
| 2 | 1 | 8 | 5 | 4 | 3 | 6 | 9 | 7 |
| 5 | 7 | 6 | 4 | 1 | 8 | 2 | 3 | 9 |
| 9 | 2 | 4 | 7 | 3 | 6 | 1 | 5 | 8 |
| 3 | 8 | 1 | 9 | 2 | 5 | 7 | 4 | 6 |

### Puzzle 39 (Medium, difficulty rating 0.56)

| 7 | 3 | 5 | 9 | 2 | 4 | 6 | 1 | 8 |
|---|---|---|---|---|---|---|---|---|
| 4 | 6 | 2 | 1 | 8 | 3 | 7 | 9 | 5 |
| 8 | 9 | 1 | 7 | 6 | 5 | 3 | 4 | 2 |
| 3 | 4 | 7 | 2 | 5 | 1 | 8 | 6 | 9 |
| 5 | 1 | 9 | 6 | 4 | 8 | 2 | 3 | 7 |
| 2 | 8 | 6 | 3 | 7 | 9 | 1 | 5 | 4 |
| 6 | 5 | 4 | 8 | 3 | 7 | 9 | 2 | 1 |
| 1 | 2 | 8 | 4 | 9 | 6 | 5 | 7 | 3 |
| 9 | 7 | 3 | 5 | 1 | 2 | 4 | 8 | 6 |

### Puzzle 40 (Medium, difficulty rating 0.50)

| 3 | 5 | 2 | 9 | 7 | 8 | 4 | 6 | 1 |
|---|---|---|---|---|---|---|---|---|
| 4 | 6 | 7 | 3 | 1 | 5 | 8 | 9 | 2 |
| 1 | 8 | 9 | 6 | 2 | 4 | 7 | 3 | 5 |
| 6 | 1 | 5 | 8 | 4 | 3 | 2 | 7 | 9 |
| 2 | 4 | 3 | 7 | 5 | 9 | 1 | 8 | 6 |
| 7 | 9 | 8 | 1 | 6 | 2 | 5 | 4 | 3 |
| 9 | 3 | 4 | 5 | 8 | 1 | 6 | 2 | 7 |
| 5 | 2 | 6 | 4 | 3 | 7 | 9 | 1 | 8 |
| 8 | 7 | 1 | 2 | 9 | 6 | 3 | 5 | 4 |

### Puzzle 41 (Medium, difficulty rating 0.48)

| 3 | 2 | 4 | 6 | 8 | 5 | 7 | 1 | 9 |
|---|---|---|---|---|---|---|---|---|
| 8 | 6 | 7 | 3 | 1 | 9 | 5 | 4 | 2 |
| 5 | 9 | 1 | 4 | 2 | 7 | 8 | 3 | 6 |
| 6 | 5 | 8 | 9 | 7 | 1 | 4 | 2 | 3 |
| 7 | 1 | 9 | 2 | 4 | 3 | 6 | 5 | 8 |
| 2 | 4 | 3 | 8 | 5 | 6 | 1 | 9 | 7 |
| 4 | 7 | 2 | 1 | 9 | 8 | 3 | 6 | 5 |
| 1 | 8 | 6 | 5 | 3 | 2 | 9 | 7 | 4 |
| 9 | 3 | 5 | 7 | 6 | 4 | 2 | 8 | 1 |

### Puzzle 42 (Medium, difficulty rating 0.51)

| 9 | 6 | 8 | 5 | 3 | 1 | 4 | 7 | 2 |
|---|---|---|---|---|---|---|---|---|
| 5 | 4 | 7 | 8 | 2 | 6 | 1 | 3 | 9 |
| 3 | 2 | 1 | 9 | 7 | 4 | 6 | 5 | 8 |
| 1 | 9 | 6 | 4 | 8 | 7 | 5 | 2 | 3 |
| 2 | 7 | 3 | 1 | 9 | 5 | 8 | 6 | 4 |
| 8 | 5 | 4 | 2 | 6 | 3 | 7 | 9 | 1 |
| 6 | 8 | 5 | 3 | 4 | 9 | 2 | 1 | 7 |
| 7 | 3 | 2 | 6 | 1 | 8 | 9 | 4 | 5 |
| 4 | 1 | 9 | 7 | 5 | 2 | 3 | 8 | 6 |

### Puzzle 43 (Medium, difficulty rating 0.54)

| 4 | 3 | 1 | 8 | 9 | 5 | 7 | 2 | 6 |
|---|---|---|---|---|---|---|---|---|
| 8 | 6 | 7 | 2 | 4 | 1 | 5 | 9 | 3 |
| 9 | 2 | 5 | 7 | 6 | 3 | 1 | 8 | 4 |
| 6 | 9 | 3 | 1 | 2 | 4 | 8 | 7 | 5 |
| 2 | 7 | 4 | 5 | 8 | 6 | 9 | 3 | 1 |
| 1 | 5 | 8 | 9 | 3 | 7 | 6 | 4 | 2 |
| 3 | 8 | 6 | 4 | 5 | 9 | 2 | 1 | 7 |
| 5 | 1 | 2 | 3 | 7 | 8 | 4 | 6 | 9 |
| 7 | 4 | 9 | 6 | 1 | 2 | 3 | 5 | 8 |

### Puzzle 44 (Medium, difficulty rating 0.58)

| 8 | 1 | 9 | 6 | 3 | 4 | 5 | 2 | 7 |
|---|---|---|---|---|---|---|---|---|
| 7 | 4 | 6 | 2 | 9 | 5 | 8 | 1 | 3 |
| 3 | 5 | 2 | 8 | 7 | 1 | 6 | 4 | 9 |
| 9 | 2 | 7 | 5 | 1 | 6 | 4 | 3 | 8 |
| 4 | 3 | 5 | 9 | 8 | 7 | 1 | 6 | 2 |
| 1 | 6 | 8 | 4 | 2 | 3 | 9 | 7 | 5 |
| 6 | 9 | 4 | 3 | 5 | 2 | 7 | 8 | 1 |
| 2 | 8 | 1 | 7 | 6 | 9 | 3 | 5 | 4 |
| 5 | 7 | 3 | 1 | 4 | 8 | 2 | 9 | 6 |

### Puzzle 45 (Medium, difficulty rating 0.56)

| 1 | 5 | 7 | 9 | 3 | 8 | 4 | 6 | 2 |
|---|---|---|---|---|---|---|---|---|
| 2 | 8 | 4 | 7 | 6 | 5 | 9 | 3 | 1 |
| 9 | 6 | 3 | 2 | 4 | 1 | 8 | 5 | 7 |
| 4 | 1 | 5 | 8 | 2 | 6 | 3 | 7 | 9 |
| 6 | 2 | 9 | 5 | 7 | 3 | 1 | 4 | 8 |
| 7 | 3 | 8 | 4 | 1 | 9 | 6 | 2 | 5 |
| 3 | 9 | 6 | 1 | 5 | 2 | 7 | 8 | 4 |
| 5 | 7 | 1 | 6 | 8 | 4 | 2 | 9 | 3 |
| 8 | 4 | 2 | 3 | 9 | 7 | 5 | 1 | 6 |

### Puzzle 46 (Medium, difficulty rating 0.58)

| 3 | 1 | 6 | 2 | 7 | 5 | 8 | 9 | 4 |
|---|---|---|---|---|---|---|---|---|
| 8 | 9 | 7 | 4 | 1 | 6 | 3 | 5 | 2 |
| 5 | 2 | 4 | 8 | 9 | 3 | 1 | 7 | 6 |
| 7 | 8 | 5 | 9 | 2 | 1 | 6 | 4 | 3 |
| 9 | 4 | 2 | 3 | 6 | 7 | 5 | 1 | 8 |
| 6 | 3 | 1 | 5 | 8 | 4 | 7 | 2 | 9 |
| 4 | 6 | 9 | 1 | 5 | 8 | 2 | 3 | 7 |
| 2 | 5 | 8 | 7 | 3 | 9 | 4 | 6 | 1 |
| 1 | 7 | 3 | 6 | 4 | 2 | 9 | 8 | 5 |

### Puzzle 47 (Medium, difficulty rating 0.55)

| 2 | 7 | 3 | 8 | 5 | 1 | 9 | 6 | 4 |
|---|---|---|---|---|---|---|---|---|
| 1 | 6 | 4 | 9 | 7 | 2 | 8 | 5 | 3 |
| 5 | 9 | 8 | 6 | 3 | 4 | 7 | 2 | 1 |
| 4 | 5 | 1 | 7 | 9 | 8 | 6 | 3 | 2 |
| 3 | 2 | 9 | 5 | 4 | 6 | 1 | 8 | 7 |
| 6 | 8 | 7 | 1 | 2 | 3 | 4 | 9 | 5 |
| 9 | 1 | 2 | 4 | 8 | 5 | 3 | 7 | 6 |
| 8 | 4 | 5 | 3 | 6 | 7 | 2 | 1 | 9 |
| 7 | 3 | 6 | 2 | 1 | 9 | 5 | 4 | 8 |

### Puzzle 48 (Medium, difficulty rating 0.52)

| 9 | 7 | 5 | 6 | 8 | 4 | 3 | 1 | 2 |
|---|---|---|---|---|---|---|---|---|
| 2 | 4 | 8 | 5 | 1 | 3 | 9 | 6 | 7 |
| 6 | 1 | 3 | 9 | 2 | 7 | 8 | 4 | 5 |
| 8 | 6 | 1 | 3 | 4 | 2 | 5 | 7 | 9 |
| 3 | 9 | 4 | 7 | 6 | 5 | 1 | 2 | 8 |
| 7 | 5 | 2 | 8 | 9 | 1 | 4 | 3 | 6 |
| 1 | 8 | 9 | 4 | 7 | 6 | 2 | 5 | 3 |
| 5 | 2 | 7 | 1 | 3 | 9 | 6 | 8 | 4 |
| 4 | 3 | 6 | 2 | 5 | 8 | 7 | 9 | 1 |

**Puzzle 49 (Medium, difficulty rating 0.56)**

| 4 | 2 | 7 | 3 | 1 | 8 | 6 | 5 | 9 |
|---|---|---|---|---|---|---|---|---|
| 9 | 6 | 3 | 4 | 7 | 5 | 2 | 1 | 8 |
| 1 | 5 | 8 | 9 | 6 | 2 | 3 | 4 | 7 |
| 7 | 3 | 6 | 1 | 5 | 9 | 8 | 2 | 4 |
| 8 | 4 | 9 | 2 | 3 | 6 | 1 | 7 | 5 |
| 2 | 1 | 5 | 8 | 4 | 7 | 9 | 3 | 6 |
| 5 | 7 | 2 | 6 | 9 | 3 | 4 | 8 | 1 |
| 3 | 9 | 4 | 7 | 8 | 1 | 5 | 6 | 2 |
| 6 | 8 | 1 | 5 | 2 | 4 | 7 | 9 | 3 |

**Puzzle 50 (Medium, difficulty rating 0.53)**

| 8 | 7 | 3 | 4 | 1 | 2 | 5 | 6 | 9 |
|---|---|---|---|---|---|---|---|---|
| 2 | 1 | 5 | 3 | 9 | 6 | 8 | 4 | 7 |
| 4 | 9 | 6 | 8 | 7 | 5 | 1 | 3 | 2 |
| 9 | 2 | 4 | 5 | 3 | 1 | 6 | 7 | 8 |
| 6 | 3 | 1 | 9 | 8 | 7 | 4 | 2 | 5 |
| 7 | 5 | 8 | 6 | 2 | 4 | 3 | 9 | 1 |
| 5 | 6 | 7 | 2 | 4 | 8 | 9 | 1 | 3 |
| 1 | 8 | 9 | 7 | 6 | 3 | 2 | 5 | 4 |
| 3 | 4 | 2 | 1 | 5 | 9 | 7 | 8 | 6 |

# Sudoku Pattern (HARD)

# Puzzle 1

| 9 |   |   |   |   |   |   |   |   |
|---|---|---|---|---|---|---|---|---|
|   | 6 |   | 3 |   |   |   | 4 | 8 |
| 8 | 7 | 5 |   |   | 2 |   |   | 1 |
| 7 |   | 3 |   |   | 6 |   |   |   |
| 4 | 2 |   |   |   |   |   | 6 | 7 |
|   |   |   | 8 |   |   | 3 |   | 9 |
| 6 |   |   | 1 |   |   | 7 | 4 | 8 |
|   | 4 | 7 |   |   | 8 |   | 1 |   |
|   |   |   |   |   |   |   |   | 2 |

# Puzzle 2

|   |   |   |   |   |   |   |   |   |
|---|---|---|---|---|---|---|---|---|
| 8 |   |   | 7 |   |   | 3 | 9 |   |
|   |   |   |   | 9 | 1 |   | 8 |   |
|   | 9 | 1 |   | 3 |   |   |   |   |
|   | 8 |   |   |   |   | 9 | 2 | 4 |
| 4 |   |   |   |   |   |   |   | 8 |
| 1 | 2 | 9 |   |   |   |   | 5 |   |
|   |   |   |   | 7 |   | 5 | 6 |   |
|   | 1 |   | 3 | 2 |   |   |   |   |
|   | 5 | 4 |   |   | 6 |   |   | 7 |

# Puzzle 3

|   |   | 2 |   | 4 |   | 1 | 7 |   |
|---|---|---|---|---|---|---|---|---|
|   |   | 9 |   | 3 |   |   |   |   |
|   |   |   |   |   | 2 | 5 |   | 9 |
| 6 | 1 |   |   | 2 | 9 | 8 |   |   |
| 3 |   |   |   |   |   |   |   | 1 |
|   |   | 8 | 4 | 1 |   |   | 5 | 3 |
| 2 |   | 3 | 1 |   |   |   |   |   |
|   |   |   |   | 8 |   | 2 |   |   |
|   | 5 | 1 |   | 6 |   | 3 |   |   |

# Puzzle 4

|   |   | 2 |   |   | 6 | 8 |   |   |
|---|---|---|---|---|---|---|---|---|
|   |   |   |   | 9 |   |   | 2 |   |
| 8 | 1 |   | 7 |   | 2 |   | 5 |   |
|   |   |   |   | 6 |   |   | 2 |   |
| 6 | 2 |   | 9 |   | 8 |   | 3 | 7 |
|   |   | 5 |   |   | 4 |   |   |   |
|   | 8 |   | 5 |   | 1 |   | 9 | 6 |
|   | 9 |   |   | 6 |   |   |   |   |
|   |   | 3 | 2 |   |   | 1 |   |   |

# Puzzle 5

|   |   | 5 | 1 |   | 6 |   | 4 | 8 |
|---|---|---|---|---|---|---|---|---|
|   |   |   |   | 9 |   |   | 1 |   |
|   | 8 |   |   |   | 5 | 2 |   |   |
|   |   |   | 3 | 4 | 8 | 5 |   |   |
| 3 |   |   |   | 5 |   |   |   | 7 |
|   |   | 1 | 7 | 6 | 9 |   |   |   |
|   |   | 4 | 6 |   |   |   | 3 |   |
|   | 1 |   |   | 3 |   |   |   |   |
| 2 | 7 |   | 9 |   | 4 | 1 |   |   |

# Puzzle 6

|   |   |   |   |   |   |   |   |   |
|---|---|---|---|---|---|---|---|---|
| 3 |   | 9 |   |   | 6 |   |   |   |
| 6 |   |   | 7 |   |   |   |   | 4 |
|   | 7 | 5 | 9 |   |   |   | 3 |   |
|   |   |   |   |   | 3 | 9 | 7 |   | 8 |
|   | 6 |   |   |   |   |   | 2 |   |
| 5 |   | 7 | 6 | 2 |   |   |   |   |
|   | 2 |   |   |   | 5 | 3 | 4 |   |
| 9 |   |   |   |   | 1 |   |   | 2 |
|   |   |   | 2 |   |   | 1 |   | 9 |

# Puzzle 7

|   |   |   |   |   |   |   |   |   |
|---|---|---|---|---|---|---|---|---|
| 6 |   |   | 1 | 7 | 5 |   |   |   |
|   | 8 |   |   |   |   |   |   |   |
|   | 3 | 7 | 8 |   |   |   | 5 | 1 |
| 4 | 2 |   |   |   | 7 |   | 6 |   |
|   |   | 3 |   |   |   | 7 |   |   |
|   | 5 |   | 2 |   |   |   | 9 | 3 |
| 5 | 9 |   |   |   | 1 | 8 | 4 |   |
|   |   |   |   |   |   |   | 1 |   |
|   |   |   | 4 | 8 | 6 |   |   | 9 |

# Puzzle 8

| 9 | 4 |   | 8 | 1 |   |   | 6 |   |
|---|---|---|---|---|---|---|---|---|
|   |   |   |   |   | 6 |   |   |   |
|   | 2 |   | 5 |   |   |   |   | 8 |
| 1 |   |   | 3 |   |   |   | 8 |   |
|   | 3 | 6 | 2 |   | 4 | 5 | 1 |   |
|   | 8 |   |   |   | 1 |   |   | 6 |
| 4 |   |   |   |   | 5 |   | 2 |   |
|   |   |   | 7 |   |   |   |   |   |
|   | 7 |   |   | 9 | 8 |   | 5 | 1 |

# Puzzle 9

|   |   | 5 |   | 4 | 7 | 6 |   |   |
|---|---|---|---|---|---|---|---|---|
|   | 4 | 6 | 2 | 8 |   |   |   |   |
|   |   |   |   |   | 1 |   |   |   |
| 6 | 7 | 4 |   |   |   |   | 1 | 9 |
| 1 |   |   |   |   |   |   |   | 6 |
| 3 | 5 |   |   |   |   | 2 | 4 | 7 |
|   |   |   | 7 |   |   |   |   |   |
|   |   |   |   | 1 | 4 | 7 | 2 |   |
|   |   | 3 | 6 | 5 |   | 4 |   |   |

# Puzzle 10

| | | | | | | | | |
|---|---|---|---|---|---|---|---|---|
| | 9 | | | 2 | 5 | | | 6 |
| | 7 | | 8 | | 9 | | | |
| 3 | | | 7 | 1 | | | | |
| 7 | 1 | | | | | | 9 | |
| 6 | | 2 | | | | 8 | | 7 |
| | 4 | | | | | | 2 | 1 |
| | | | | 8 | 7 | | | 3 |
| | | | 9 | | 4 | | 6 | |
| 5 | | | 1 | 3 | | | 4 | |

# Puzzle 11

| | | | | | | | | |
|---|---|---|---|---|---|---|---|---|
| 9 | 7 | 1 | 8 |   | 2 |   |   |   |
|   | 3 | 8 |   | 1 | 4 |   |   |   |
|   |   |   | 5 |   |   |   |   |   |
| 6 | 4 | 3 |   | 7 |   |   |   |   |
| 2 |   |   |   |   |   |   |   | 7 |
|   |   |   |   | 2 |   | 6 | 1 | 4 |
|   |   |   |   |   | 8 |   |   |   |
|   |   |   | 2 | 4 |   | 9 | 8 |   |
|   |   |   | 6 |   | 3 | 7 | 2 | 5 |

# Puzzle 12 (Hard, difficulty rating 0.62)

|   |   |   |   |   |   |   |   |   |
|---|---|---|---|---|---|---|---|---|
| 2 |   |   | 8 |   | 4 |   |   |   |
|   | 5 |   |   | 1 |   | 2 |   |   |
|   |   |   |   | 6 | 2 |   | 5 | 8 |
|   |   | 2 |   |   |   | 6 | 5 |   |
| 5 |   |   | 1 |   | 8 |   |   | 3 |
|   |   | 1 | 3 |   |   | 9 |   |   |
| 1 | 3 |   | 5 | 4 |   |   |   |   |
|   |   | 4 |   | 8 |   |   | 7 |   |
|   |   |   | 6 |   | 9 |   |   | 4 |

# Puzzle 13 (Hard, difficulty rating 0.63)

| 5 |   | 1 | 2 | 3 |   |   | 6 |   |
|---|---|---|---|---|---|---|---|---|
|   | 2 |   | 1 | 9 |   | 4 |   |   |
|   |   | 7 | 4 | 5 |   |   |   |   |
| 9 |   | 2 |   |   |   |   |   |   |
| 7 |   |   |   |   |   |   |   | 3 |
|   |   |   |   |   |   | 8 |   | 7 |
|   |   |   |   | 4 | 3 | 6 |   |   |
|   |   | 9 |   | 6 | 2 |   | 5 |   |
|   | 7 |   |   | 8 | 1 | 3 |   | 2 |

# Puzzle 14

|   |   |   |   | 3 |   | 4 |   |   |
|---|---|---|---|---|---|---|---|---|
|   |   |   | 4 |   | 1 | 9 |   | 6 |
| 9 | 4 |   | 5 | 6 |   |   |   | 7 |
|   | 6 |   |   | 9 |   |   | 2 |   |
| 3 |   |   |   | 1 |   |   |   | 9 |
|   | 5 |   |   | 4 |   |   | 8 |   |
| 1 |   |   |   | 5 | 4 |   | 6 | 3 |
| 5 |   | 4 | 9 |   | 6 |   |   |   |
|   |   | 6 |   | 7 |   |   |   |   |

# Puzzle 15

|   | 2 |   | 9 |   |   | 8 |   | 5 |
|---|---|---|---|---|---|---|---|---|
|   | 4 |   |   | 5 |   | 6 | 9 |   |
|   |   |   | 3 |   |   |   | 7 | 1 |
|   |   |   | 4 |   |   |   |   | 6 |
| 6 |   | 4 |   | 9 |   | 7 |   | 8 |
| 3 |   |   |   |   | 6 |   |   |   |
| 2 | 3 |   |   |   | 9 |   |   |   |
|   | 6 | 1 |   | 7 |   |   | 2 |   |
| 8 |   | 9 |   |   | 3 |   | 6 |   |

# Puzzle 16

|   | 5 | 7 | 9 |   | 1 |   |   |   |
|---|---|---|---|---|---|---|---|---|
| 3 |   |   |   | 5 |   | 1 |   | 7 |
|   | 8 |   |   |   |   | 9 | 2 |   |
|   |   | 4 |   |   |   | 6 |   | 9 |
| 7 |   |   |   |   |   |   |   | 1 |
| 1 |   | 9 |   |   |   | 2 |   |   |
|   | 4 | 2 |   |   |   |   | 1 |   |
| 9 |   | 3 |   | 8 |   |   |   | 2 |
|   |   |   |   | 2 |   | 5 | 7 | 9 |

# Puzzle 17

|   |   | 7 |   | 3 | 1 | 6 |   |   |
|---|---|---|---|---|---|---|---|---|
| 9 | 8 | 3 |   |   |   |   |   |   |
| 1 |   |   |   | 2 |   |   |   |   |
|   | 1 |   | 9 |   | 2 | 7 |   |   |
| 4 |   | 5 |   |   |   | 9 |   | 2 |
|   |   | 9 | 5 |   | 7 |   | 3 |   |
|   |   |   |   | 8 |   |   |   | 9 |
|   |   |   |   |   |   | 5 | 2 | 3 |
|   |   | 4 | 2 | 9 |   | 8 |   |   |

# Puzzle 18

|   | 1 |   | 5 | 8 |   |   |   | 9 |
|---|---|---|---|---|---|---|---|---|
|   |   |   | 1 | 7 |   |   |   |   |
| 5 | 3 | 8 | 2 |   |   |   | 1 |   |
|   |   |   | 8 |   |   | 3 | 9 |   |
|   |   | 4 |   |   |   | 2 |   |   |
|   | 6 | 5 |   |   | 2 |   |   |   |
|   | 7 |   |   |   | 5 | 1 | 6 | 8 |
|   |   |   |   | 1 | 8 |   |   |   |
| 6 |   |   |   | 2 | 7 |   | 5 |   |

# Puzzle 19

|   | 5 | 9 | 6 | 1 |   |   |   | 2 |
|---|---|---|---|---|---|---|---|---|
|   |   |   |   |   | 2 |   | 3 | 5 |
|   |   |   |   |   |   | 6 |   | 9 |
| 6 |   |   |   | 5 | 7 |   | 8 |   |
|   |   | 7 |   |   |   | 5 |   |   |
|   | 8 |   | 3 | 9 |   |   |   | 4 |
| 8 |   | 4 |   |   |   |   |   |   |
| 9 | 3 |   | 8 |   |   |   |   |   |
| 7 |   |   |   | 3 | 6 | 9 | 4 |   |

# Puzzle 20

| 6 |   |   |   |   | 3 |   | 1 | 5 |
|---|---|---|---|---|---|---|---|---|
|   | 1 |   |   |   |   |   |   |   |
| 4 |   |   |   |   |   | 1 | 6 |   | 9 |
| 2 |   |   |   | 4 |   | 9 | 3 |   |
| 3 |   |   | 8 |   | 2 |   |   | 7 |
|   | 5 | 4 |   | 9 |   |   |   | 1 |
| 1 |   | 7 | 5 |   |   |   |   | 8 |
|   |   |   |   |   |   |   | 6 |   |
| 8 | 3 |   |   | 7 |   |   |   | 2 |

# Puzzle 21

|   |   |   | 6 |   |   | 2 | 8 |   |
|---|---|---|---|---|---|---|---|---|
|   |   | 2 |   | 1 |   | 7 |   |   |
| 8 |   |   |   | 4 | 7 |   | 1 |   |
| 5 |   |   |   | 3 |   |   |   | 8 |
| 3 |   | 6 |   |   |   | 4 |   | 9 |
| 9 |   |   |   | 6 |   |   |   | 3 |
|   | 5 |   | 9 | 2 |   |   |   | 7 |
|   |   | 4 |   | 7 |   | 5 |   |   |
|   | 7 | 9 |   |   | 1 |   |   |   |

# Puzzle 22

|   | 2 |   | 1 |   | 8 |   |   | 9 |
|---|---|---|---|---|---|---|---|---|
|   |   |   |   | 5 |   |   |   |   |
|   |   |   | 4 |   |   | 7 | 5 |   |
|   | 9 |   |   |   | 1 | 5 |   | 7 |
| 6 | 7 | 4 |   | 8 |   | 9 | 1 | 3 |
| 1 |   | 3 | 7 |   |   |   | 6 |   |
|   | 6 | 8 |   |   | 4 |   |   |   |
|   |   |   |   | 1 |   |   |   |   |
| 3 |   |   | 5 |   | 6 |   | 7 |   |

# Puzzle 23

|   |   | 8 |   |   |   |   |   | 6 |
|---|---|---|---|---|---|---|---|---|
|   |   |   |   |   | 4 | 7 | 2 |   |
| 7 |   |   |   | 5 |   | 1 |   | 3 |
|   |   |   | 4 | 3 |   | 6 |   | 1 |
| 5 |   |   | 8 |   | 9 |   |   | 7 |
| 6 |   | 3 |   | 7 | 5 |   |   |   |
| 4 |   | 6 |   | 2 |   |   |   | 8 |
|   | 7 | 5 | 6 |   |   |   |   |   |
| 8 |   |   |   |   |   | 5 |   |   |

# Puzzle 24

|   | 5 |   |   |   | 7 |   | 2 | 4 |
|---|---|---|---|---|---|---|---|---|
| 7 |   |   |   |   | 3 |   |   | 8 |
|   |   |   | 9 | 4 |   | 7 |   |   |
| 6 | 8 |   |   | 1 |   |   | 7 |   |
|   |   |   | 5 |   | 8 |   |   |   |
|   | 4 |   |   | 6 |   |   | 5 | 2 |
|   |   | 8 |   | 2 | 1 |   |   |   |
| 4 |   |   | 8 |   |   |   |   | 6 |
| 2 | 6 |   | 3 |   |   |   | 8 |   |

# Puzzle 25

|   | 6 |   |   | 4 |   | 7 |   | 8 |
|---|---|---|---|---|---|---|---|---|
|   | 5 |   |   |   | 1 |   |   |   |
|   | 4 | 1 |   | 2 |   | 6 |   | 5 |
| 1 |   |   |   |   | 4 |   |   |   |
| 3 |   | 4 |   |   |   | 2 |   | 9 |
|   |   |   | 3 |   |   |   |   | 1 |
| 6 |   | 9 |   | 7 |   | 1 | 4 |   |
|   |   |   | 1 |   |   |   | 7 |   |
| 5 |   | 7 |   | 3 |   |   | 8 |   |

# Puzzle 26

|   | 1 | 9 |   |   | 6 |   |   |   |
|---|---|---|---|---|---|---|---|---|
| 8 | 7 |   |   |   | 3 |   | 6 | 1 |
| 2 |   | 6 | 7 |   |   |   |   |   |
|   |   | 7 |   | 2 |   | 1 | 9 |   |
|   |   |   |   | 3 |   |   |   |   |
|   | 4 | 2 |   | 1 |   | 3 |   |   |
|   |   |   |   |   | 5 | 7 |   | 6 |
| 7 | 8 |   | 9 |   |   |   | 1 | 3 |
|   |   |   | 3 |   |   | 5 | 8 |   |

# Puzzle 27

|   |   |   |   |   |   |   |   |   |
|---|---|---|---|---|---|---|---|---|
| 7 |   |   |   |   |   |   |   | 8 |
|   |   | 6 | 9 |   |   | 3 |   | 7 |
|   | 9 |   |   |   | 8 | 6 | 4 |   |
|   |   |   | 3 | 1 |   | 9 |   |   |
|   |   | 7 | 6 |   | 2 | 1 |   |   |
|   |   | 9 |   | 5 | 4 |   |   |   |
|   | 5 | 4 | 1 |   |   |   | 3 |   |
| 2 |   | 3 |   |   | 5 | 8 |   |   |
| 9 |   |   |   |   |   |   |   | 5 |

# Puzzle 28

|   | 6 |   |   |   |   |   |   |   |
|---|---|---|---|---|---|---|---|---|
| 5 |   |   | 1 | 9 |   |   | 6 |   |
|   |   | 3 |   |   | 6 |   | 5 |   |
|   | 5 | 6 | 4 | 7 |   |   |   | 9 |
|   | 4 | 8 |   |   |   | 7 | 3 |   |
| 9 |   |   |   | 3 | 5 | 4 | 8 |   |
|   | 2 |   | 5 |   |   | 8 |   |   |
|   | 1 |   |   | 2 | 3 |   |   | 7 |
|   |   |   |   |   |   |   | 4 |   |

# Puzzle 29

|   | 1 |   |   |   | 4 |   |   |   |
|---|---|---|---|---|---|---|---|---|
|   |   | 9 | 3 |   | 7 | 8 | 2 |   |
|   |   | 8 |   | 9 |   |   | 4 | 1 |
| 1 |   |   |   |   | 3 |   |   |   |
|   |   | 3 | 1 |   | 9 | 4 |   |   |
|   |   |   | 8 |   |   |   |   | 2 |
| 9 | 5 |   |   | 6 |   | 2 |   |   |
|   | 4 | 2 | 9 |   | 8 | 5 |   |   |
|   |   |   | 5 |   |   |   | 9 |   |

# Puzzle 30

| 7 |   |   |   |   | 2 |   | 3 | 8 |
|---|---|---|---|---|---|---|---|---|
|   | 5 |   |   |   |   | 2 | 9 |   |
| 3 |   |   | 9 |   | 7 | 6 |   |   |
|   |   | 7 |   | 6 | 4 |   |   | 5 |
|   |   |   |   |   |   |   |   |   |
| 5 |   |   | 7 | 1 |   | 9 |   |   |
|   |   | 8 | 1 |   | 5 |   |   | 3 |
|   | 7 | 1 |   |   |   |   | 8 |   |
| 2 | 3 |   | 4 |   |   |   |   | 1 |

# Puzzle 31

| | | | | | | | | |
|---|---|---|---|---|---|---|---|---|
| 9 | | | | | | 8 | | 1 |
| 8 | | 2 | | 7 | 6 | | 4 | 3 |
| | | | | | 4 | 2 | 9 | |
| | | | | | 8 | | | 9 |
| | | 9 | | 5 | | 7 | | |
| 2 | | | 3 | | | | | |
| | 2 | 1 | 4 | | | | | |
| 3 | 8 | | 2 | 9 | | 1 | | 6 |
| 5 | | 6 | | | | | | 2 |

# Puzzle 32

|   |   |   | 4 |   |   |   | 6 |   |
|---|---|---|---|---|---|---|---|---|
|   | 3 | 5 |   | 7 |   | 8 | 9 |   |
| 2 |   | 6 |   |   | 3 |   |   |   |
|   |   | 2 | 5 |   |   | 1 |   |   |
| 8 |   | 7 |   | 6 |   | 9 |   | 3 |
|   |   | 3 |   |   | 2 | 6 |   |   |
|   |   |   | 2 |   |   | 5 |   | 9 |
|   | 2 | 8 |   | 1 |   | 4 | 7 |   |
|   | 7 |   |   |   | 6 |   |   |   |

# Puzzle 33

|   |   |   |   |   |   |   |   | 2 |
|---|---|---|---|---|---|---|---|---|
|   | 1 |   | 7 | 4 |   |   |   | 6 |
|   |   | 5 |   | 2 | 3 |   | 7 |   |
| 5 |   | 1 |   |   | 7 | 8 | 6 |   |
|   | 8 |   |   | 1 |   |   | 5 |   |
|   | 4 | 3 | 8 |   |   | 1 |   | 9 |
|   | 5 |   | 6 | 3 |   | 7 |   |   |
| 1 |   |   |   | 8 | 2 |   | 4 |   |
| 3 |   |   |   |   |   |   |   |   |

# Puzzle 34

|   |   |   |   |   |   | 2 |   |   |
|---|---|---|---|---|---|---|---|---|
| 1 | 8 |   | 4 | 9 |   | 6 |   | 3 |
| 4 | 6 |   |   | 8 |   |   |   |   |
| 8 |   |   | 3 |   |   |   | 6 | 1 |
| 9 |   |   |   |   |   |   |   | 5 |
| 2 | 1 |   |   |   | 6 |   |   | 8 |
|   |   |   |   | 3 |   |   | 4 | 7 |
| 5 |   | 3 |   | 7 | 9 |   | 8 | 6 |
|   |   |   | 8 |   |   |   |   |   |

# Puzzle 35

| 3 |   | 9 | 8 | 5 |   | 1 |   |   |
|---|---|---|---|---|---|---|---|---|
|   |   |   |   |   | 3 |   |   | 4 |
|   |   | 8 | 1 | 9 |   |   |   |   |
|   |   |   |   |   | 8 |   | 5 | 1 |
|   | 3 |   | 5 | 2 | 1 |   | 9 |   |
| 8 | 1 |   | 9 |   |   |   |   |   |
|   |   |   |   | 8 | 6 | 2 |   |   |
| 4 |   |   | 2 |   |   |   |   |   |
|   |   | 7 |   | 1 | 5 | 4 |   | 9 |

# Puzzle 36

|   |   |   |   |   |   |   |   | 6 |
|---|---|---|---|---|---|---|---|---|
| 8 |   | 9 | 4 |   |   |   | 2 |   |
|   | 7 |   | 3 |   |   | 9 | 8 |   |
| 3 |   | 8 |   | 4 |   |   |   |   |
|   | 1 | 7 | 6 | 2 | 5 | 8 | 4 |   |
|   |   |   |   | 9 |   | 5 |   | 7 |
|   | 4 | 5 |   |   | 6 |   | 9 |   |
|   | 9 |   |   |   | 8 | 6 |   | 4 |
| 1 |   |   |   |   |   |   |   |   |

# Puzzle 37

|   |   | 9 |   |   | 2 | 3 | 5 |   |
|---|---|---|---|---|---|---|---|---|
|   | 3 |   |   | 7 |   |   | 4 |   |
|   |   |   | 3 |   | 6 |   |   |   |
| 1 |   | 6 |   | 3 | 9 |   |   |   |
|   | 5 |   | 1 | 6 | 4 |   | 7 |   |
|   |   |   | 2 | 5 |   | 6 |   | 1 |
|   |   |   | 5 |   | 7 |   |   |   |
|   | 4 |   |   | 8 |   |   | 6 |   |
|   | 7 | 1 | 6 |   |   | 5 |   |   |

# Puzzle 38

|   |   | 5 | 4 |   |   |   | 2 | 8 |
|---|---|---|---|---|---|---|---|---|
|   |   | 9 |   |   |   |   | 7 |   |
|   | 8 |   | 3 | 7 |   |   |   |   |
| 3 |   | 8 | 7 | 2 |   | 4 |   |   |
| 9 |   |   |   |   |   |   |   | 6 |
|   |   | 4 |   | 8 | 6 | 2 |   | 7 |
|   |   |   |   | 4 | 3 |   | 5 |   |
|   | 2 |   |   |   |   | 1 |   |   |
| 4 | 5 |   |   |   | 2 | 7 |   |   |

# Puzzle 39

|   |   |   |   |   |   |   |   |   |
|---|---|---|---|---|---|---|---|---|
| 1 | 3 | 7 | 8 |   |   | 4 | 2 |   |
| 5 |   |   |   |   |   |   | 9 |   |
|   |   | 2 | 3 |   |   | 1 |   |   |
|   |   |   | 5 |   |   |   | 4 | 9 |
| 2 |   |   |   |   |   |   |   | 1 |
| 9 | 1 |   |   |   | 7 |   |   |   |
|   |   | 9 |   |   | 4 | 7 |   |   |
|   | 4 |   |   |   |   |   |   | 2 |
|   | 2 | 5 |   |   | 6 | 8 | 1 | 4 |

# Puzzle 40

|   |   |   |   |   |   |   |   |   |
|---|---|---|---|---|---|---|---|---|
| 3 |   |   |   | 8 |   | 9 |   |   |
| 8 | 5 | 4 | 2 | 3 |   |   |   |   |
| 9 |   | 1 |   |   | 7 |   |   |   |
|   |   | 3 |   |   |   |   |   | 1 |
|   | 8 |   | 1 |   | 2 |   | 4 |   |
| 4 |   |   |   |   |   | 9 |   |   |
|   |   |   | 3 |   |   | 5 |   | 4 |
|   |   |   |   | 1 | 5 | 8 | 3 | 2 |
|   |   |   | 9 |   | 8 |   |   | 6 |

# Puzzle 41

| 4 |   |   | 9 |   |   |   |   |   |
|---|---|---|---|---|---|---|---|---|
| 2 |   |   | 4 |   |   | 1 | 9 |   |
| 8 | 9 |   |   | 6 |   | 7 |   |   |
|   | 6 |   |   |   | 4 | 5 | 8 |   |
|   |   |   | 7 |   | 6 |   |   |   |
|   | 4 | 8 | 5 |   |   |   | 7 |   |
|   |   | 3 |   | 4 |   |   | 6 | 8 |
|   | 8 | 5 |   |   | 3 |   |   | 7 |
|   |   |   |   |   | 9 |   |   | 5 |

# Puzzle 42

| 5 |   |   |   |   | 4 |   |   |   |
|---|---|---|---|---|---|---|---|---|
|   | 7 | 4 |   |   | 2 |   | 9 | 3 |
| 2 |   |   | 6 | 5 |   |   |   |   |
|   |   |   | 2 |   |   | 9 |   | 7 |
|   | 4 | 3 |   | 9 |   | 2 | 8 |   |
| 9 |   | 2 |   |   | 7 |   |   |   |
|   |   |   |   | 2 | 3 |   |   | 9 |
| 4 | 9 |   | 5 |   |   | 7 | 3 |   |
|   |   |   | 9 |   |   |   |   | 8 |

# Puzzle 43

|   |   |   |   |   |   |   | 7 |   |
|---|---|---|---|---|---|---|---|---|
|   | 8 |   | 6 | 9 | 3 |   |   |   |
|   |   |   |   | 5 | 7 | 8 |   | 9 |
| 3 |   | 1 |   |   | 6 |   |   | 4 |
| 4 |   | 6 |   |   |   | 9 |   | 7 |
| 9 |   |   | 7 |   |   | 2 |   | 3 |
| 5 |   | 2 | 3 | 1 |   |   |   |   |
|   |   |   | 5 | 6 | 4 |   | 2 |   |
|   | 1 |   |   |   |   |   |   |   |

# Puzzle 44

|   | 5 |   |   |   | 1 |   |   |   |
|---|---|---|---|---|---|---|---|---|
|   | 4 | 9 | 7 |   |   |   |   |   |
| 2 |   | 1 |   | 5 |   |   |   | 6 |
|   | 1 | 3 |   |   |   | 4 | 5 |   |
|   | 2 |   | 1 | 4 | 7 |   | 8 |   |
|   | 9 | 7 |   |   |   | 6 | 2 |   |
| 9 |   |   |   | 1 |   | 7 |   | 5 |
|   |   |   |   |   | 2 | 8 | 3 |   |
|   |   |   | 3 |   |   |   | 6 |   |

# Puzzle 45

|   |   |   |   |   |   |   |   |   |
|---|---|---|---|---|---|---|---|---|
| 9 |   |   |   |   |   |   |   | 8 |
| 3 |   |   |   | 5 |   |   | 6 |   |
|   |   |   |   |   |   | 4 | 9 | 5 |
|   | 8 |   | 3 | 7 | 1 | 2 | 5 |   |
|   |   |   | 2 | 4 | 8 |   |   |   |
|   | 3 | 2 | 5 | 6 | 9 |   | 7 |   |
| 6 | 2 | 4 |   |   |   |   |   |   |
|   | 5 |   |   | 3 |   |   |   | 1 |
| 8 |   |   |   |   |   |   |   | 7 |

# Puzzle 46

|   |   |   | 9 |   | 6 |   |   | 3 |
|---|---|---|---|---|---|---|---|---|
| 5 |   |   |   |   | 3 |   | 1 |   |
|   |   | 8 |   |   |   | 5 |   | 9 |
|   | 7 |   | 3 |   |   |   |   | 4 |
| 9 |   | 3 | 4 |   | 7 | 6 |   | 2 |
| 4 |   |   |   |   | 8 |   | 9 |   |
| 8 |   | 6 |   |   |   | 9 |   |   |
|   | 2 |   | 8 |   |   |   |   | 5 |
| 1 |   |   | 6 |   | 4 |   |   |   |

# Puzzle 47

|   |   |   |   | 5 |   | 9 | 8 | 7 |
|---|---|---|---|---|---|---|---|---|
| 5 |   | 6 | 3 |   |   |   |   |   |
|   |   | 8 | 9 |   | 4 |   |   |   |
| 1 | 2 |   |   |   |   |   |   | 4 |
|   | 8 | 7 |   |   |   | 5 | 9 |   |
| 6 |   |   |   |   |   |   | 2 | 8 |
|   |   |   | 1 |   | 5 | 2 |   |   |
|   |   |   |   |   | 7 | 8 |   | 5 |
| 2 | 6 | 5 |   | 3 |   |   |   |   |

# Puzzle 48

| | | | | | | | | |
|---|---|---|---|---|---|---|---|---|
| | 4 | | | | | 3 | | 6 |
| 7 | | | 1 | | | | | |
| | 6 | | 2 | 3 | | | 1 | |
| | | 2 | 3 | 7 | | | | 1 |
| | | 1 | 4 | | 5 | 2 | | |
| 3 | | | | 1 | 2 | 6 | | |
| | 3 | | | 2 | 8 | | 5 | |
| | | | | | 1 | | | 4 |
| 8 | | 7 | | | | | 6 | |

# Puzzle 49

| 2 | 9 |   |   |   | 8 |   |   | 3 |
|---|---|---|---|---|---|---|---|---|
|   |   | 1 | 6 | 3 |   |   | 5 |   |
| 5 |   | 3 | 1 |   |   |   |   |   |
| 3 |   |   |   | 4 |   | 6 |   |   |
|   |   |   | 7 |   | 6 |   |   |   |
|   |   | 8 |   | 1 |   |   |   | 2 |
|   |   |   |   |   | 1 | 5 |   | 4 |
|   | 2 |   |   | 6 | 5 | 3 |   |   |
| 7 |   |   | 3 |   |   |   | 2 | 1 |

# Puzzle 50

| 8 | 7 |   |   |   |   |   | 4 |   |   |
|---|---|---|---|---|---|---|---|---|---|
| 5 |   | 4 | 7 |   |   |   |   |   |   |
|   |   | 9 | 2 | 4 |   |   | 5 |   |   |
| 4 |   |   | 1 |   | 7 |   | 2 |   |   |
| 9 |   |   |   |   |   |   |   | 7 |   |
|   | 2 |   | 4 |   | 3 |   |   | 9 |   |
|   | 8 |   |   | 3 | 6 | 9 |   |   |   |
|   |   |   |   |   | 2 | 8 |   | 5 |   |
|   |   | 5 |   |   |   |   | 7 | 2 |   |

### Puzzle 1 (Hard, difficulty rating 0.60)

| 9 | 3 | 4 | 5 | 8 | 1 | 2 | 7 | 6 |
|---|---|---|---|---|---|---|---|---|
| 1 | 6 | 2 | 3 | 7 | 9 | 4 | 8 | 5 |
| 8 | 7 | 5 | 4 | 6 | 2 | 9 | 3 | 1 |
| 7 | 9 | 3 | 2 | 1 | 6 | 8 | 5 | 4 |
| 4 | 2 | 8 | 9 | 3 | 5 | 1 | 6 | 7 |
| 5 | 1 | 6 | 8 | 4 | 7 | 3 | 2 | 9 |
| 6 | 5 | 9 | 1 | 2 | 3 | 7 | 4 | 8 |
| 2 | 4 | 7 | 6 | 9 | 8 | 5 | 1 | 3 |
| 3 | 8 | 1 | 7 | 5 | 4 | 6 | 9 | 2 |

### Puzzle 2 (Hard, difficulty rating 0.65)

| 8 | 4 | 5 | 7 | 6 | 2 | 3 | 9 | 1 |
|---|---|---|---|---|---|---|---|---|
| 3 | 7 | 2 | 5 | 9 | 1 | 4 | 8 | 6 |
| 6 | 9 | 1 | 4 | 3 | 8 | 2 | 7 | 5 |
| 5 | 8 | 7 | 6 | 1 | 3 | 9 | 2 | 4 |
| 4 | 6 | 3 | 2 | 5 | 9 | 7 | 1 | 8 |
| 1 | 2 | 9 | 8 | 4 | 7 | 6 | 5 | 3 |
| 9 | 3 | 8 | 1 | 7 | 4 | 5 | 6 | 2 |
| 7 | 1 | 6 | 3 | 2 | 5 | 8 | 4 | 9 |
| 2 | 5 | 4 | 9 | 8 | 6 | 1 | 3 | 7 |

### Puzzle 3 (Hard, difficulty rating 0.64)

| 8 | 3 | 2 | 9 | 4 | 5 | 1 | 7 | 6 |
|---|---|---|---|---|---|---|---|---|
| 5 | 7 | 9 | 6 | 3 | 1 | 4 | 8 | 2 |
| 1 | 4 | 6 | 8 | 7 | 2 | 5 | 3 | 9 |
| 6 | 1 | 5 | 3 | 2 | 9 | 8 | 4 | 7 |
| 3 | 9 | 4 | 7 | 5 | 8 | 6 | 2 | 1 |
| 7 | 2 | 8 | 4 | 1 | 6 | 9 | 5 | 3 |
| 2 | 8 | 3 | 1 | 9 | 4 | 7 | 6 | 5 |
| 9 | 6 | 7 | 5 | 8 | 3 | 2 | 1 | 4 |
| 4 | 5 | 1 | 2 | 6 | 7 | 3 | 9 | 8 |

### Puzzle 4 (Hard, difficulty rating 0.73)

| 7 | 5 | 2 | 3 | 1 | 6 | 8 | 4 | 9 |
|---|---|---|---|---|---|---|---|---|
| 4 | 3 | 6 | 8 | 9 | 5 | 7 | 2 | 1 |
| 8 | 1 | 9 | 7 | 4 | 2 | 6 | 5 | 3 |
| 9 | 4 | 8 | 6 | 3 | 7 | 2 | 1 | 5 |
| 6 | 2 | 1 | 9 | 5 | 8 | 4 | 3 | 7 |
| 3 | 7 | 5 | 1 | 2 | 4 | 9 | 6 | 8 |
| 2 | 8 | 4 | 5 | 7 | 1 | 3 | 9 | 6 |
| 1 | 9 | 7 | 4 | 6 | 3 | 5 | 8 | 2 |
| 5 | 6 | 3 | 2 | 8 | 9 | 1 | 7 | 4 |

### Puzzle 5 (Hard, difficulty rating 0.62)

| 7 | 3 | 5 | 1 | 2 | 6 | 9 | 4 | 8 |
|---|---|---|---|---|---|---|---|---|
| 4 | 6 | 2 | 8 | 9 | 3 | 7 | 1 | 5 |
| 1 | 8 | 9 | 4 | 7 | 5 | 2 | 6 | 3 |
| 6 | 9 | 7 | 3 | 4 | 8 | 5 | 2 | 1 |
| 3 | 4 | 8 | 2 | 5 | 1 | 6 | 9 | 7 |
| 5 | 2 | 1 | 7 | 6 | 9 | 3 | 8 | 4 |
| 9 | 5 | 4 | 6 | 1 | 7 | 8 | 3 | 2 |
| 8 | 1 | 6 | 5 | 3 | 2 | 4 | 7 | 9 |
| 2 | 7 | 3 | 9 | 8 | 4 | 1 | 5 | 6 |

### Puzzle 6 (Hard, difficulty rating 0.68)

| 3 | 8 | 9 | 4 | 5 | 6 | 2 | 7 | 1 |
|---|---|---|---|---|---|---|---|---|
| 6 | 1 | 2 | 7 | 8 | 3 | 5 | 9 | 4 |
| 4 | 7 | 5 | 9 | 1 | 2 | 8 | 3 | 6 |
| 2 | 4 | 1 | 5 | 3 | 9 | 7 | 6 | 8 |
| 8 | 6 | 3 | 1 | 4 | 7 | 9 | 2 | 5 |
| 5 | 9 | 7 | 6 | 2 | 8 | 4 | 1 | 3 |
| 1 | 2 | 6 | 8 | 9 | 5 | 3 | 4 | 7 |
| 9 | 5 | 4 | 3 | 7 | 1 | 6 | 8 | 2 |
| 7 | 3 | 8 | 2 | 6 | 4 | 1 | 5 | 9 |

### Puzzle 7 (Hard, difficulty rating 0.72)

| 6 | 4 | 9 | 1 | 7 | 5 | 2 | 3 | 8 |
|---|---|---|---|---|---|---|---|---|
| 1 | 8 | 5 | 6 | 2 | 3 | 9 | 7 | 4 |
| 2 | 3 | 7 | 8 | 4 | 9 | 6 | 5 | 1 |
| 4 | 2 | 8 | 3 | 9 | 7 | 1 | 6 | 5 |
| 9 | 1 | 3 | 5 | 6 | 4 | 7 | 8 | 2 |
| 7 | 5 | 6 | 2 | 1 | 8 | 4 | 9 | 3 |
| 5 | 9 | 2 | 7 | 3 | 1 | 8 | 4 | 6 |
| 8 | 6 | 4 | 9 | 5 | 2 | 3 | 1 | 7 |
| 3 | 7 | 1 | 4 | 8 | 6 | 5 | 2 | 9 |

### Puzzle 8 (Hard, difficulty rating 0.63)

| 9 | 4 | 5 | 8 | 1 | 3 | 7 | 6 | 2 |
|---|---|---|---|---|---|---|---|---|
| 8 | 1 | 7 | 4 | 2 | 6 | 9 | 3 | 5 |
| 6 | 2 | 3 | 5 | 7 | 9 | 1 | 4 | 8 |
| 1 | 5 | 9 | 3 | 6 | 7 | 2 | 8 | 4 |
| 7 | 3 | 6 | 2 | 8 | 4 | 5 | 1 | 9 |
| 2 | 8 | 4 | 9 | 5 | 1 | 3 | 7 | 6 |
| 4 | 9 | 8 | 1 | 3 | 5 | 6 | 2 | 7 |
| 5 | 6 | 1 | 7 | 4 | 2 | 8 | 9 | 3 |
| 3 | 7 | 2 | 6 | 9 | 8 | 4 | 5 | 1 |

### Puzzle 9 (Hard, difficulty rating 0.61)

| 8 | 1 | 5 | 9 | 4 | 7 | 6 | 3 | 2 |
|---|---|---|---|---|---|---|---|---|
| 9 | 4 | 6 | 2 | 8 | 3 | 1 | 7 | 5 |
| 2 | 3 | 7 | 5 | 6 | 1 | 9 | 8 | 4 |
| 6 | 7 | 4 | 3 | 2 | 5 | 8 | 1 | 9 |
| 1 | 9 | 2 | 4 | 7 | 8 | 3 | 5 | 6 |
| 3 | 5 | 8 | 1 | 9 | 6 | 2 | 4 | 7 |
| 4 | 2 | 1 | 7 | 3 | 9 | 5 | 6 | 8 |
| 5 | 6 | 9 | 8 | 1 | 4 | 7 | 2 | 3 |
| 7 | 8 | 3 | 6 | 5 | 2 | 4 | 9 | 1 |

### Puzzle 10 (Hard, difficulty rating 0.61)

| 8 | 9 | 1 | 3 | 2 | 5 | 4 | 7 | 6 |
|---|---|---|---|---|---|---|---|---|
| 2 | 7 | 6 | 8 | 4 | 9 | 1 | 3 | 5 |
| 3 | 5 | 4 | 7 | 1 | 6 | 2 | 8 | 9 |
| 7 | 1 | 5 | 2 | 6 | 8 | 3 | 9 | 4 |
| 6 | 3 | 2 | 4 | 9 | 1 | 8 | 5 | 7 |
| 9 | 4 | 8 | 5 | 7 | 3 | 6 | 2 | 1 |
| 4 | 2 | 9 | 6 | 8 | 7 | 5 | 1 | 3 |
| 1 | 8 | 3 | 9 | 5 | 4 | 7 | 6 | 2 |
| 5 | 6 | 7 | 1 | 3 | 2 | 9 | 4 | 8 |

### Puzzle 11 (Hard, difficulty rating 0.63)

| 9 | 7 | 1 | 8 | 6 | 2 | 5 | 4 | 3 |
|---|---|---|---|---|---|---|---|---|
| 5 | 3 | 8 | 7 | 1 | 4 | 2 | 6 | 9 |
| 4 | 6 | 2 | 5 | 3 | 9 | 1 | 7 | 8 |
| 6 | 4 | 3 | 9 | 7 | 1 | 8 | 5 | 2 |
| 2 | 1 | 5 | 4 | 8 | 6 | 3 | 9 | 7 |
| 8 | 9 | 7 | 3 | 2 | 5 | 6 | 1 | 4 |
| 7 | 2 | 9 | 1 | 5 | 8 | 4 | 3 | 6 |
| 3 | 5 | 6 | 2 | 4 | 7 | 9 | 8 | 1 |
| 1 | 8 | 4 | 6 | 9 | 3 | 7 | 2 | 5 |

### Puzzle 12 (Hard, difficulty rating 0.62)

| 2 | 1 | 6 | 8 | 5 | 4 | 7 | 3 | 9 |
|---|---|---|---|---|---|---|---|---|
| 8 | 5 | 7 | 9 | 1 | 3 | 2 | 4 | 6 |
| 9 | 4 | 3 | 7 | 6 | 2 | 1 | 5 | 8 |
| 3 | 7 | 2 | 4 | 9 | 6 | 5 | 8 | 1 |
| 5 | 6 | 9 | 1 | 7 | 8 | 4 | 2 | 3 |
| 4 | 8 | 1 | 3 | 2 | 5 | 9 | 6 | 7 |
| 1 | 3 | 8 | 5 | 4 | 7 | 6 | 9 | 2 |
| 6 | 9 | 4 | 2 | 8 | 1 | 3 | 7 | 5 |
| 7 | 2 | 5 | 6 | 3 | 9 | 8 | 1 | 4 |

**Puzzle 13 (Hard, difficulty rating 0.63)**

| 5 | 4 | 1 | 2 | 3 | 8 | 7 | 6 | 9 |
|---|---|---|---|---|---|---|---|---|
| 6 | 2 | 8 | 1 | 9 | 7 | 4 | 3 | 5 |
| 3 | 9 | 7 | 4 | 5 | 6 | 2 | 8 | 1 |
| 9 | 8 | 2 | 3 | 7 | 4 | 5 | 1 | 6 |
| 7 | 6 | 4 | 8 | 1 | 5 | 9 | 2 | 3 |
| 1 | 5 | 3 | 6 | 2 | 9 | 8 | 4 | 7 |
| 2 | 1 | 5 | 9 | 4 | 3 | 6 | 7 | 8 |
| 8 | 3 | 9 | 7 | 6 | 2 | 1 | 5 | 4 |
| 4 | 7 | 6 | 5 | 8 | 1 | 3 | 9 | 2 |

**Puzzle 14 (Hard, difficulty rating 0.67)**

| 6 | 1 | 2 | 7 | 3 | 9 | 4 | 5 | 8 |
|---|---|---|---|---|---|---|---|---|
| 8 | 7 | 5 | 4 | 2 | 1 | 9 | 3 | 6 |
| 9 | 4 | 3 | 5 | 6 | 8 | 2 | 1 | 7 |
| 4 | 6 | 1 | 8 | 9 | 7 | 3 | 2 | 5 |
| 3 | 2 | 8 | 6 | 1 | 5 | 7 | 4 | 9 |
| 7 | 5 | 9 | 3 | 4 | 2 | 6 | 8 | 1 |
| 1 | 9 | 7 | 2 | 5 | 4 | 8 | 6 | 3 |
| 5 | 3 | 4 | 9 | 8 | 6 | 1 | 7 | 2 |
| 2 | 8 | 6 | 1 | 7 | 3 | 5 | 9 | 4 |

**Puzzle 15 (Hard, difficulty rating 0.67)**

| 7 | 2 | 3 | 9 | 6 | 1 | 8 | 4 | 5 |
|---|---|---|---|---|---|---|---|---|
| 1 | 4 | 8 | 7 | 5 | 2 | 6 | 9 | 3 |
| 9 | 5 | 6 | 3 | 8 | 4 | 2 | 7 | 1 |
| 5 | 8 | 2 | 4 | 3 | 7 | 9 | 1 | 6 |
| 6 | 1 | 4 | 2 | 9 | 5 | 7 | 3 | 8 |
| 3 | 9 | 7 | 8 | 1 | 6 | 4 | 5 | 2 |
| 2 | 3 | 5 | 6 | 4 | 9 | 1 | 8 | 7 |
| 4 | 6 | 1 | 5 | 7 | 8 | 3 | 2 | 9 |
| 8 | 7 | 9 | 1 | 2 | 3 | 5 | 6 | 4 |

**Puzzle 16 (Hard, difficulty rating 0.63)**

| 2 | 5 | 7 | 9 | 4 | 1 | 8 | 3 | 6 |
|---|---|---|---|---|---|---|---|---|
| 3 | 9 | 6 | 8 | 5 | 2 | 1 | 4 | 7 |
| 4 | 8 | 1 | 3 | 6 | 7 | 9 | 2 | 5 |
| 8 | 2 | 4 | 5 | 1 | 3 | 6 | 7 | 9 |
| 7 | 3 | 5 | 6 | 2 | 9 | 4 | 8 | 1 |
| 1 | 6 | 9 | 4 | 7 | 8 | 2 | 5 | 3 |
| 5 | 4 | 2 | 7 | 9 | 6 | 3 | 1 | 8 |
| 9 | 7 | 3 | 1 | 8 | 4 | 5 | 6 | 2 |
| 6 | 1 | 8 | 2 | 3 | 5 | 7 | 9 | 4 |

**Puzzle 17 (Hard, difficulty rating 0.60)**

| 2 | 4 | 7 | 8 | 3 | 1 | 6 | 9 | 5 |
|---|---|---|---|---|---|---|---|---|
| 9 | 8 | 3 | 7 | 5 | 6 | 2 | 4 | 1 |
| 1 | 5 | 6 | 4 | 2 | 9 | 3 | 8 | 7 |
| 3 | 1 | 8 | 9 | 6 | 2 | 7 | 5 | 4 |
| 4 | 7 | 5 | 3 | 1 | 8 | 9 | 6 | 2 |
| 6 | 2 | 9 | 5 | 4 | 7 | 1 | 3 | 8 |
| 5 | 6 | 2 | 1 | 8 | 3 | 4 | 7 | 9 |
| 8 | 9 | 1 | 6 | 7 | 4 | 5 | 2 | 3 |
| 7 | 3 | 4 | 2 | 9 | 5 | 8 | 1 | 6 |

**Puzzle 18 (Hard, difficulty rating 0.68)**

| 7 | 1 | 2 | 5 | 8 | 4 | 6 | 3 | 9 |
|---|---|---|---|---|---|---|---|---|
| 9 | 4 | 6 | 1 | 7 | 3 | 5 | 8 | 2 |
| 5 | 3 | 8 | 2 | 6 | 9 | 7 | 1 | 4 |
| 1 | 2 | 7 | 8 | 4 | 6 | 3 | 9 | 5 |
| 8 | 9 | 4 | 3 | 5 | 1 | 2 | 7 | 6 |
| 3 | 6 | 5 | 7 | 9 | 2 | 8 | 4 | 1 |
| 2 | 7 | 9 | 4 | 3 | 5 | 1 | 6 | 8 |
| 4 | 5 | 3 | 6 | 1 | 8 | 9 | 2 | 7 |
| 6 | 8 | 1 | 9 | 2 | 7 | 4 | 5 | 3 |

**Puzzle 19 (Hard, difficulty rating 0.69)**

| 4 | 5 | 9 | 6 | 1 | 3 | 8 | 7 | 2 |
|---|---|---|---|---|---|---|---|---|
| 1 | 6 | 8 | 9 | 7 | 2 | 4 | 3 | 5 |
| 2 | 7 | 3 | 5 | 8 | 4 | 6 | 1 | 9 |
| 6 | 9 | 1 | 4 | 5 | 7 | 2 | 8 | 3 |
| 3 | 4 | 7 | 2 | 6 | 8 | 5 | 9 | 1 |
| 5 | 8 | 2 | 3 | 9 | 1 | 7 | 6 | 4 |
| 8 | 1 | 4 | 7 | 2 | 9 | 3 | 5 | 6 |
| 9 | 3 | 6 | 8 | 4 | 5 | 1 | 2 | 7 |
| 7 | 2 | 5 | 1 | 3 | 6 | 9 | 4 | 8 |

**Puzzle 20 (Hard, difficulty rating 0.73)**

| 6 | 9 | 8 | 4 | 3 | 7 | 2 | 1 | 5 |
|---|---|---|---|---|---|---|---|---|
| 5 | 1 | 2 | 6 | 8 | 9 | 3 | 7 | 4 |
| 4 | 7 | 3 | 2 | 5 | 1 | 6 | 8 | 9 |
| 2 | 8 | 1 | 7 | 4 | 5 | 9 | 3 | 6 |
| 3 | 6 | 9 | 8 | 1 | 2 | 5 | 4 | 7 |
| 7 | 5 | 4 | 3 | 9 | 6 | 8 | 2 | 1 |
| 1 | 2 | 7 | 5 | 6 | 3 | 4 | 9 | 8 |
| 9 | 4 | 5 | 1 | 2 | 8 | 7 | 6 | 3 |
| 8 | 3 | 6 | 9 | 7 | 4 | 1 | 5 | 2 |

**Puzzle 21 (Hard, difficulty rating 0.60)**

| 7 | 1 | 5 | 6 | 9 | 3 | 2 | 8 | 4 |
|---|---|---|---|---|---|---|---|---|
| 4 | 9 | 2 | 5 | 1 | 8 | 7 | 3 | 6 |
| 8 | 6 | 3 | 2 | 4 | 7 | 9 | 1 | 5 |
| 5 | 4 | 1 | 7 | 3 | 9 | 6 | 2 | 8 |
| 3 | 2 | 6 | 1 | 8 | 5 | 4 | 7 | 9 |
| 9 | 8 | 7 | 4 | 6 | 2 | 1 | 5 | 3 |
| 1 | 5 | 8 | 9 | 2 | 4 | 3 | 6 | 7 |
| 2 | 3 | 4 | 8 | 7 | 6 | 5 | 9 | 1 |
| 6 | 7 | 9 | 3 | 5 | 1 | 8 | 4 | 2 |

**Puzzle 22 (Hard, difficulty rating 0.67)**

| 5 | 2 | 6 | 1 | 7 | 8 | 4 | 3 | 9 |
|---|---|---|---|---|---|---|---|---|
| 4 | 3 | 7 | 9 | 5 | 2 | 6 | 8 | 1 |
| 9 | 8 | 1 | 4 | 6 | 3 | 7 | 5 | 2 |
| 8 | 9 | 2 | 6 | 3 | 1 | 5 | 4 | 7 |
| 6 | 7 | 4 | 2 | 8 | 5 | 9 | 1 | 3 |
| 1 | 5 | 3 | 7 | 4 | 9 | 2 | 6 | 8 |
| 7 | 6 | 8 | 3 | 9 | 4 | 1 | 2 | 5 |
| 2 | 4 | 5 | 8 | 1 | 7 | 3 | 9 | 6 |
| 3 | 1 | 9 | 5 | 2 | 6 | 8 | 7 | 4 |

**Puzzle 23 (Hard, difficulty rating 0.69)**

| 3 | 5 | 8 | 2 | 1 | 7 | 4 | 9 | 6 |
|---|---|---|---|---|---|---|---|---|
| 1 | 6 | 9 | 3 | 8 | 4 | 7 | 2 | 5 |
| 7 | 4 | 2 | 9 | 5 | 6 | 1 | 8 | 3 |
| 9 | 8 | 7 | 4 | 3 | 2 | 6 | 5 | 1 |
| 5 | 1 | 4 | 8 | 6 | 9 | 2 | 3 | 7 |
| 6 | 2 | 3 | 1 | 7 | 5 | 8 | 4 | 9 |
| 4 | 3 | 6 | 5 | 2 | 1 | 9 | 7 | 8 |
| 2 | 7 | 5 | 6 | 9 | 8 | 3 | 1 | 4 |
| 8 | 9 | 1 | 7 | 4 | 3 | 5 | 6 | 2 |

**Puzzle 24 (Hard, difficulty rating 0.63)**

| 3 | 5 | 6 | 1 | 8 | 7 | 9 | 2 | 4 |
|---|---|---|---|---|---|---|---|---|
| 7 | 9 | 4 | 2 | 5 | 3 | 1 | 6 | 8 |
| 8 | 1 | 2 | 9 | 4 | 6 | 7 | 3 | 5 |
| 6 | 8 | 5 | 4 | 1 | 2 | 3 | 7 | 9 |
| 9 | 2 | 7 | 5 | 3 | 8 | 6 | 4 | 1 |
| 1 | 4 | 3 | 7 | 6 | 9 | 8 | 5 | 2 |
| 5 | 7 | 8 | 6 | 2 | 1 | 4 | 9 | 3 |
| 4 | 3 | 9 | 8 | 7 | 5 | 2 | 1 | 6 |
| 2 | 6 | 1 | 3 | 9 | 4 | 5 | 8 | 7 |

**Puzzle 25 (Hard, difficulty rating 0.60)**

| 2 | 6 | 3 | 9 | 4 | 5 | 7 | 1 | 8 |
|---|---|---|---|---|---|---|---|---|
| 9 | 5 | 8 | 7 | 6 | 1 | 3 | 2 | 4 |
| 7 | 4 | 1 | 8 | 2 | 3 | 6 | 9 | 5 |
| 1 | 9 | 6 | 2 | 5 | 4 | 8 | 3 | 7 |
| 3 | 7 | 4 | 6 | 1 | 8 | 2 | 5 | 9 |
| 8 | 2 | 5 | 3 | 9 | 7 | 4 | 6 | 1 |
| 6 | 8 | 9 | 5 | 7 | 2 | 1 | 4 | 3 |
| 4 | 3 | 2 | 1 | 8 | 9 | 5 | 7 | 6 |
| 5 | 1 | 7 | 4 | 3 | 6 | 9 | 8 | 2 |

**Puzzle 26 (Hard, difficulty rating 0.66)**

| 5 | 1 | 9 | 8 | 4 | 6 | 2 | 3 | 7 |
|---|---|---|---|---|---|---|---|---|
| 8 | 7 | 4 | 2 | 5 | 3 | 9 | 6 | 1 |
| 2 | 3 | 6 | 7 | 9 | 1 | 8 | 4 | 5 |
| 3 | 6 | 7 | 5 | 2 | 8 | 1 | 9 | 4 |
| 1 | 5 | 8 | 4 | 3 | 9 | 6 | 7 | 2 |
| 9 | 4 | 2 | 6 | 1 | 7 | 3 | 5 | 8 |
| 4 | 9 | 3 | 1 | 8 | 5 | 7 | 2 | 6 |
| 7 | 8 | 5 | 9 | 6 | 2 | 4 | 1 | 3 |
| 6 | 2 | 1 | 3 | 7 | 4 | 5 | 8 | 9 |

**Puzzle 27 (Hard, difficulty rating 0.60)**

| 7 | 4 | 1 | 2 | 3 | 6 | 5 | 9 | 8 |
|---|---|---|---|---|---|---|---|---|
| 5 | 8 | 6 | 9 | 4 | 1 | 3 | 2 | 7 |
| 3 | 9 | 2 | 5 | 7 | 8 | 6 | 4 | 1 |
| 4 | 2 | 5 | 3 | 1 | 7 | 9 | 8 | 6 |
| 8 | 3 | 7 | 6 | 9 | 2 | 1 | 5 | 4 |
| 1 | 6 | 9 | 8 | 5 | 4 | 2 | 7 | 3 |
| 6 | 5 | 4 | 1 | 8 | 9 | 7 | 3 | 2 |
| 2 | 7 | 3 | 4 | 6 | 5 | 8 | 1 | 9 |
| 9 | 1 | 8 | 7 | 2 | 3 | 4 | 6 | 5 |

**Puzzle 28 (Hard, difficulty rating 0.67)**

| 1 | 6 | 2 | 3 | 5 | 4 | 9 | 7 | 8 |
|---|---|---|---|---|---|---|---|---|
| 5 | 8 | 7 | 1 | 9 | 2 | 3 | 6 | 4 |
| 4 | 9 | 3 | 7 | 8 | 6 | 2 | 5 | 1 |
| 3 | 5 | 6 | 4 | 7 | 8 | 1 | 2 | 9 |
| 2 | 4 | 8 | 9 | 6 | 1 | 7 | 3 | 5 |
| 9 | 7 | 1 | 2 | 3 | 5 | 4 | 8 | 6 |
| 6 | 2 | 9 | 5 | 4 | 7 | 8 | 1 | 3 |
| 8 | 1 | 4 | 6 | 2 | 3 | 5 | 9 | 7 |
| 7 | 3 | 5 | 8 | 1 | 9 | 6 | 4 | 2 |

**Puzzle 29 (Hard, difficulty rating 0.66)**

| 3 | 1 | 5 | 2 | 8 | 4 | 7 | 6 | 9 |
|---|---|---|---|---|---|---|---|---|
| 4 | 6 | 9 | 3 | 1 | 7 | 8 | 2 | 5 |
| 2 | 7 | 8 | 6 | 9 | 5 | 3 | 4 | 1 |
| 1 | 2 | 6 | 7 | 4 | 3 | 9 | 5 | 8 |
| 5 | 8 | 3 | 1 | 2 | 9 | 4 | 7 | 6 |
| 7 | 9 | 4 | 8 | 5 | 6 | 1 | 3 | 2 |
| 9 | 5 | 7 | 4 | 6 | 1 | 2 | 8 | 3 |
| 6 | 4 | 2 | 9 | 3 | 8 | 5 | 1 | 7 |
| 8 | 3 | 1 | 5 | 7 | 2 | 6 | 9 | 4 |

**Puzzle 30 (Hard, difficulty rating 0.63)**

| 7 | 6 | 9 | 5 | 4 | 2 | 1 | 3 | 8 |
|---|---|---|---|---|---|---|---|---|
| 8 | 5 | 4 | 6 | 3 | 1 | 2 | 9 | 7 |
| 3 | 1 | 2 | 9 | 8 | 7 | 6 | 5 | 4 |
| 9 | 2 | 7 | 8 | 6 | 4 | 3 | 1 | 5 |
| 1 | 4 | 3 | 2 | 5 | 9 | 8 | 7 | 6 |
| 5 | 8 | 6 | 7 | 1 | 3 | 9 | 4 | 2 |
| 6 | 9 | 8 | 1 | 7 | 5 | 4 | 2 | 3 |
| 4 | 7 | 1 | 3 | 2 | 6 | 5 | 8 | 9 |
| 2 | 3 | 5 | 4 | 9 | 8 | 7 | 6 | 1 |

**Puzzle 31 (Hard, difficulty rating 0.61)**

| 9 | 4 | 7 | 5 | 2 | 3 | 8 | 6 | 1 |
|---|---|---|---|---|---|---|---|---|
| 8 | 1 | 2 | 9 | 7 | 6 | 5 | 4 | 3 |
| 6 | 5 | 3 | 1 | 8 | 4 | 2 | 9 | 7 |
| 4 | 6 | 5 | 7 | 1 | 8 | 3 | 2 | 9 |
| 1 | 3 | 9 | 6 | 5 | 2 | 7 | 8 | 4 |
| 2 | 7 | 8 | 3 | 4 | 9 | 6 | 1 | 5 |
| 7 | 2 | 1 | 4 | 6 | 5 | 9 | 3 | 8 |
| 3 | 8 | 4 | 2 | 9 | 7 | 1 | 5 | 6 |
| 5 | 9 | 6 | 8 | 3 | 1 | 4 | 7 | 2 |

**Puzzle 32 (Hard, difficulty rating 0.65)**

| 7 | 8 | 1 | 4 | 2 | 9 | 3 | 6 | 5 |
|---|---|---|---|---|---|---|---|---|
| 4 | 3 | 5 | 6 | 7 | 1 | 8 | 9 | 2 |
| 2 | 9 | 6 | 8 | 5 | 3 | 7 | 1 | 4 |
| 9 | 6 | 2 | 5 | 3 | 8 | 1 | 4 | 7 |
| 8 | 5 | 7 | 1 | 6 | 4 | 9 | 2 | 3 |
| 1 | 4 | 3 | 7 | 9 | 2 | 6 | 5 | 8 |
| 6 | 1 | 4 | 2 | 8 | 7 | 5 | 3 | 9 |
| 3 | 2 | 8 | 9 | 1 | 5 | 4 | 7 | 6 |
| 5 | 7 | 9 | 3 | 4 | 6 | 2 | 8 | 1 |

**Puzzle 33 (Hard, difficulty rating 0.67)**

| 4 | 3 | 7 | 9 | 6 | 8 | 5 | 1 | 2 |
|---|---|---|---|---|---|---|---|---|
| 8 | 1 | 2 | 7 | 4 | 5 | 9 | 3 | 6 |
| 6 | 9 | 5 | 1 | 2 | 3 | 4 | 7 | 8 |
| 5 | 2 | 1 | 3 | 9 | 7 | 8 | 6 | 4 |
| 9 | 8 | 6 | 2 | 1 | 4 | 3 | 5 | 7 |
| 7 | 4 | 3 | 8 | 5 | 6 | 1 | 2 | 9 |
| 2 | 5 | 4 | 6 | 3 | 9 | 7 | 8 | 1 |
| 1 | 7 | 9 | 5 | 8 | 2 | 6 | 4 | 3 |
| 3 | 6 | 8 | 4 | 7 | 1 | 2 | 9 | 5 |

**Puzzle 34 (Hard, difficulty rating 0.62)**

| 3 | 7 | 5 | 6 | 1 | 2 | 8 | 9 | 4 |
|---|---|---|---|---|---|---|---|---|
| 1 | 8 | 2 | 4 | 9 | 5 | 6 | 7 | 3 |
| 4 | 6 | 9 | 7 | 8 | 3 | 5 | 1 | 2 |
| 8 | 5 | 4 | 3 | 2 | 7 | 9 | 6 | 1 |
| 9 | 3 | 6 | 1 | 4 | 8 | 7 | 2 | 5 |
| 2 | 1 | 7 | 9 | 5 | 6 | 4 | 3 | 8 |
| 6 | 9 | 8 | 5 | 3 | 1 | 2 | 4 | 7 |
| 5 | 4 | 3 | 2 | 7 | 9 | 1 | 8 | 6 |
| 7 | 2 | 1 | 8 | 6 | 4 | 3 | 5 | 9 |

**Puzzle 35 (Hard, difficulty rating 0.62)**

| 3 | 6 | 9 | 8 | 5 | 4 | 1 | 2 | 7 |
|---|---|---|---|---|---|---|---|---|
| 5 | 2 | 1 | 7 | 6 | 3 | 9 | 8 | 4 |
| 7 | 4 | 8 | 1 | 9 | 2 | 5 | 3 | 6 |
| 9 | 7 | 2 | 6 | 4 | 8 | 3 | 5 | 1 |
| 6 | 3 | 4 | 5 | 2 | 1 | 7 | 9 | 8 |
| 8 | 1 | 5 | 9 | 3 | 7 | 6 | 4 | 2 |
| 1 | 9 | 3 | 4 | 8 | 6 | 2 | 7 | 5 |
| 4 | 5 | 6 | 2 | 7 | 9 | 8 | 1 | 3 |
| 2 | 8 | 7 | 3 | 1 | 5 | 4 | 6 | 9 |

**Puzzle 36 (Hard, difficulty rating 0.67)**

| 5 | 2 | 1 | 7 | 8 | 9 | 4 | 3 | 6 |
|---|---|---|---|---|---|---|---|---|
| 8 | 3 | 9 | 4 | 6 | 1 | 7 | 2 | 5 |
| 6 | 7 | 4 | 3 | 5 | 2 | 9 | 8 | 1 |
| 3 | 5 | 8 | 1 | 4 | 7 | 2 | 6 | 9 |
| 9 | 1 | 7 | 6 | 2 | 5 | 8 | 4 | 3 |
| 4 | 6 | 2 | 8 | 9 | 3 | 5 | 1 | 7 |
| 7 | 4 | 5 | 2 | 3 | 6 | 1 | 9 | 8 |
| 2 | 9 | 3 | 5 | 1 | 8 | 6 | 7 | 4 |
| 1 | 8 | 6 | 9 | 7 | 4 | 3 | 5 | 2 |

### Puzzle 37 (Hard, difficulty rating 0.66)

| 7 | 8 | 9 | 4 | 1 | 2 | 3 | 5 | 6 |
|---|---|---|---|---|---|---|---|---|
| 6 | 3 | 2 | 8 | 7 | 5 | 1 | 4 | 9 |
| 5 | 1 | 4 | 3 | 9 | 6 | 8 | 2 | 7 |
| 1 | 2 | 6 | 7 | 3 | 9 | 4 | 8 | 5 |
| 3 | 5 | 8 | 1 | 6 | 4 | 9 | 7 | 2 |
| 4 | 9 | 7 | 2 | 5 | 8 | 6 | 3 | 1 |
| 9 | 6 | 3 | 5 | 4 | 7 | 2 | 1 | 8 |
| 2 | 4 | 5 | 9 | 8 | 1 | 7 | 6 | 3 |
| 8 | 7 | 1 | 6 | 2 | 3 | 5 | 9 | 4 |

### Puzzle 38 (Hard, difficulty rating 0.67)

| 7 | 3 | 5 | 4 | 6 | 1 | 9 | 2 | 8 |
|---|---|---|---|---|---|---|---|---|
| 6 | 4 | 9 | 2 | 5 | 8 | 3 | 7 | 1 |
| 2 | 8 | 1 | 3 | 7 | 9 | 6 | 4 | 5 |
| 3 | 6 | 8 | 7 | 2 | 5 | 4 | 1 | 9 |
| 9 | 7 | 2 | 1 | 3 | 4 | 5 | 8 | 6 |
| 5 | 1 | 4 | 9 | 8 | 6 | 2 | 3 | 7 |
| 1 | 9 | 7 | 6 | 4 | 3 | 8 | 5 | 2 |
| 8 | 2 | 3 | 5 | 9 | 7 | 1 | 6 | 4 |
| 4 | 5 | 6 | 8 | 1 | 2 | 7 | 9 | 3 |

### Puzzle 39 (Hard, difficulty rating 0.68)

| 1 | 3 | 7 | 8 | 6 | 9 | 4 | 2 | 5 |
|---|---|---|---|---|---|---|---|---|
| 5 | 8 | 6 | 1 | 4 | 2 | 3 | 9 | 7 |
| 4 | 9 | 2 | 3 | 7 | 5 | 1 | 8 | 6 |
| 6 | 7 | 3 | 5 | 8 | 1 | 2 | 4 | 9 |
| 2 | 5 | 8 | 4 | 9 | 3 | 6 | 7 | 1 |
| 9 | 1 | 4 | 6 | 2 | 7 | 5 | 3 | 8 |
| 8 | 6 | 9 | 2 | 1 | 4 | 7 | 5 | 3 |
| 3 | 4 | 1 | 7 | 5 | 8 | 9 | 6 | 2 |
| 7 | 2 | 5 | 9 | 3 | 6 | 8 | 1 | 4 |

### Puzzle 40 (Hard, difficulty rating 0.68)

| 3 | 2 | 7 | 8 | 6 | 9 | 4 | 1 | 5 |
|---|---|---|---|---|---|---|---|---|
| 8 | 5 | 4 | 2 | 3 | 1 | 7 | 6 | 9 |
| 9 | 6 | 1 | 4 | 5 | 7 | 2 | 8 | 3 |
| 7 | 9 | 3 | 5 | 8 | 4 | 6 | 2 | 1 |
| 5 | 8 | 6 | 1 | 9 | 2 | 3 | 4 | 7 |
| 4 | 1 | 2 | 6 | 7 | 3 | 9 | 5 | 8 |
| 1 | 7 | 8 | 3 | 2 | 6 | 5 | 9 | 4 |
| 6 | 4 | 9 | 7 | 1 | 5 | 8 | 3 | 2 |
| 2 | 3 | 5 | 9 | 4 | 8 | 1 | 7 | 6 |

### Puzzle 41 (Hard, difficulty rating 0.63)

| 4 | 5 | 6 | 9 | 1 | 7 | 8 | 2 | 3 |
|---|---|---|---|---|---|---|---|---|
| 2 | 3 | 7 | 4 | 5 | 8 | 1 | 9 | 6 |
| 8 | 9 | 1 | 3 | 6 | 2 | 7 | 5 | 4 |
| 7 | 6 | 9 | 2 | 3 | 4 | 5 | 8 | 1 |
| 5 | 1 | 2 | 7 | 8 | 6 | 4 | 3 | 9 |
| 3 | 4 | 8 | 5 | 9 | 1 | 6 | 7 | 2 |
| 9 | 7 | 3 | 1 | 4 | 5 | 2 | 6 | 8 |
| 1 | 8 | 5 | 6 | 2 | 3 | 9 | 4 | 7 |
| 6 | 2 | 4 | 8 | 7 | 9 | 3 | 1 | 5 |

### Puzzle 42 (Hard, difficulty rating 0.65)

| 5 | 1 | 9 | 3 | 7 | 4 | 8 | 2 | 6 |
|---|---|---|---|---|---|---|---|---|
| 6 | 7 | 4 | 8 | 1 | 2 | 5 | 9 | 3 |
| 2 | 3 | 8 | 6 | 5 | 9 | 1 | 7 | 4 |
| 1 | 8 | 6 | 2 | 3 | 5 | 9 | 4 | 7 |
| 7 | 4 | 3 | 1 | 9 | 6 | 2 | 8 | 5 |
| 9 | 5 | 2 | 4 | 8 | 7 | 3 | 6 | 1 |
| 8 | 6 | 5 | 7 | 2 | 3 | 4 | 1 | 9 |
| 4 | 9 | 1 | 5 | 6 | 8 | 7 | 3 | 2 |
| 3 | 2 | 7 | 9 | 4 | 1 | 6 | 5 | 8 |

### Puzzle 43 (Hard, difficulty rating 0.61)

| 1 | 3 | 9 | 4 | 8 | 2 | 6 | 7 | 5 |
|---|---|---|---|---|---|---|---|---|
| 7 | 8 | 5 | 6 | 9 | 3 | 1 | 4 | 2 |
| 2 | 6 | 4 | 1 | 5 | 7 | 8 | 3 | 9 |
| 3 | 7 | 1 | 9 | 2 | 6 | 5 | 8 | 4 |
| 4 | 2 | 6 | 8 | 3 | 5 | 9 | 1 | 7 |
| 9 | 5 | 8 | 7 | 4 | 1 | 2 | 6 | 3 |
| 5 | 4 | 2 | 3 | 1 | 8 | 7 | 9 | 6 |
| 8 | 9 | 7 | 5 | 6 | 4 | 3 | 2 | 1 |
| 6 | 1 | 3 | 2 | 7 | 9 | 4 | 5 | 8 |

### Puzzle 44 (Hard, difficulty rating 0.69)

| 6 | 5 | 8 | 9 | 3 | 1 | 2 | 7 | 4 |
|---|---|---|---|---|---|---|---|---|
| 3 | 4 | 9 | 7 | 2 | 6 | 5 | 1 | 8 |
| 2 | 7 | 1 | 8 | 5 | 4 | 3 | 9 | 6 |
| 8 | 1 | 3 | 2 | 6 | 9 | 4 | 5 | 7 |
| 5 | 2 | 6 | 1 | 4 | 7 | 9 | 8 | 3 |
| 4 | 9 | 7 | 5 | 8 | 3 | 6 | 2 | 1 |
| 9 | 3 | 2 | 6 | 1 | 8 | 7 | 4 | 5 |
| 1 | 6 | 5 | 4 | 7 | 2 | 8 | 3 | 9 |
| 7 | 8 | 4 | 3 | 9 | 5 | 1 | 6 | 2 |

### Puzzle 45 (Hard, difficulty rating 0.62)

| 9 | 6 | 5 | 1 | 2 | 4 | 7 | 3 | 8 |
|---|---|---|---|---|---|---|---|---|
| 3 | 4 | 8 | 9 | 5 | 7 | 1 | 6 | 2 |
| 2 | 7 | 1 | 6 | 8 | 3 | 4 | 9 | 5 |
| 4 | 8 | 6 | 3 | 7 | 1 | 2 | 5 | 9 |
| 5 | 9 | 7 | 2 | 4 | 8 | 3 | 1 | 6 |
| 1 | 3 | 2 | 5 | 6 | 9 | 8 | 7 | 4 |
| 6 | 2 | 4 | 7 | 1 | 5 | 9 | 8 | 3 |
| 7 | 5 | 9 | 8 | 3 | 2 | 6 | 4 | 1 |
| 8 | 1 | 3 | 4 | 9 | 6 | 5 | 2 | 7 |

### Puzzle 46 (Hard, difficulty rating 0.74)

| 7 | 1 | 2 | 9 | 5 | 6 | 8 | 4 | 3 |
|---|---|---|---|---|---|---|---|---|
| 5 | 9 | 4 | 7 | 8 | 3 | 2 | 1 | 6 |
| 6 | 3 | 8 | 1 | 4 | 2 | 5 | 7 | 9 |
| 2 | 7 | 5 | 3 | 6 | 9 | 1 | 8 | 4 |
| 9 | 8 | 3 | 4 | 1 | 7 | 6 | 5 | 2 |
| 4 | 6 | 1 | 5 | 2 | 8 | 3 | 9 | 7 |
| 8 | 4 | 6 | 2 | 7 | 5 | 9 | 3 | 1 |
| 3 | 2 | 7 | 8 | 9 | 1 | 4 | 6 | 5 |
| 1 | 5 | 9 | 6 | 3 | 4 | 7 | 2 | 8 |

### Puzzle 47 (Hard, difficulty rating 0.62)

| 4 | 3 | 2 | 6 | 5 | 1 | 9 | 8 | 7 |
|---|---|---|---|---|---|---|---|---|
| 5 | 9 | 6 | 3 | 7 | 8 | 4 | 1 | 2 |
| 7 | 1 | 8 | 9 | 2 | 4 | 6 | 5 | 3 |
| 1 | 2 | 9 | 5 | 8 | 6 | 3 | 7 | 4 |
| 3 | 8 | 7 | 4 | 1 | 2 | 5 | 9 | 6 |
| 6 | 5 | 4 | 7 | 9 | 3 | 1 | 2 | 8 |
| 8 | 7 | 3 | 1 | 4 | 5 | 2 | 6 | 9 |
| 9 | 4 | 1 | 2 | 6 | 7 | 8 | 3 | 5 |
| 2 | 6 | 5 | 8 | 3 | 9 | 7 | 4 | 1 |

### Puzzle 48 (Hard, difficulty rating 0.74)

| 1 | 4 | 9 | 8 | 5 | 7 | 3 | 2 | 6 |
|---|---|---|---|---|---|---|---|---|
| 7 | 2 | 3 | 1 | 6 | 9 | 4 | 8 | 5 |
| 5 | 6 | 8 | 2 | 3 | 4 | 7 | 1 | 9 |
| 4 | 8 | 2 | 3 | 7 | 6 | 5 | 9 | 1 |
| 6 | 9 | 1 | 4 | 8 | 5 | 2 | 7 | 3 |
| 3 | 7 | 5 | 9 | 1 | 2 | 6 | 4 | 8 |
| 9 | 3 | 4 | 6 | 2 | 8 | 1 | 5 | 7 |
| 2 | 5 | 6 | 7 | 9 | 1 | 8 | 3 | 4 |
| 8 | 1 | 7 | 5 | 4 | 3 | 9 | 6 | 2 |

**Puzzle 49 (Hard, difficulty rating 0.71)**

| 2 | 9 | 6 | 4 | 5 | 8 | 7 | 1 | 3 |
|---|---|---|---|---|---|---|---|---|
| 4 | 7 | 1 | 6 | 3 | 9 | 2 | 5 | 8 |
| 5 | 8 | 3 | 1 | 2 | 7 | 9 | 4 | 6 |
| 3 | 1 | 7 | 5 | 4 | 2 | 6 | 8 | 9 |
| 9 | 4 | 2 | 7 | 8 | 6 | 1 | 3 | 5 |
| 6 | 5 | 8 | 9 | 1 | 3 | 4 | 7 | 2 |
| 8 | 3 | 9 | 2 | 7 | 1 | 5 | 6 | 4 |
| 1 | 2 | 4 | 8 | 6 | 5 | 3 | 9 | 7 |
| 7 | 6 | 5 | 3 | 9 | 4 | 8 | 2 | 1 |

**Puzzle 50 (Hard, difficulty rating 0.65)**

| 8 | 7 | 2 | 3 | 6 | 5 | 4 | 9 | 1 |
|---|---|---|---|---|---|---|---|---|
| 5 | 1 | 4 | 7 | 8 | 9 | 2 | 3 | 6 |
| 3 | 6 | 9 | 2 | 4 | 1 | 7 | 5 | 8 |
| 4 | 5 | 8 | 1 | 9 | 7 | 6 | 2 | 3 |
| 9 | 3 | 1 | 6 | 2 | 8 | 5 | 4 | 7 |
| 7 | 2 | 6 | 4 | 5 | 3 | 1 | 8 | 9 |
| 2 | 8 | 7 | 5 | 3 | 6 | 9 | 1 | 4 |
| 1 | 4 | 3 | 9 | 7 | 2 | 8 | 6 | 5 |
| 6 | 9 | 5 | 8 | 1 | 4 | 3 | 7 | 2 |

http://bit.ly/1j22J9L

www.ingramcontent.com/pod-product-compliance
Lightning Source LLC
Chambersburg PA
CBHW080656190526
45169CB00006B/2142